GUIDE

DES

CONSTRUCTEURS

MÂCON, PROTAT FRÈRES, IMPRIMEURS.

GUIDE

DES

CONSTRUCTEURS

TRAITÉ COMPLET

DES CONNAISSANCES THÉORIQUES ET PRATIQUES

RELATIVES AUX CONSTRUCTIONS

OUVRAGE UTILE A TOUTES LES PERSONNES QUI S'OCCUPENT DU BATIMENT, TELS QUE MM. LES ARCHITECTES,

ENTREPRENEURS, MAITRES-MAÇONS,

CHARPENTIERS, MENUISIERS, SERRURIERS, PEINTRES ET DÉCORATEURS

Par B. R. MIGNARD

SIXIÈME ÉDITION

ENTIÈREMENT REFONDUE ET AUGMENTÉE

PAR

A. L. CORDEAU

Ingénieur des Arts et Manufactures,
Chef des travaux graphiques à l'École Centrale des Arts et Manufactures,
Professeur à l'École Spéciale d'Architecture,
Ex-préparateur du Cours de Constructions civiles au Conservatoire des Arts et Métiers,
Officier de l'Instruction publique.

ATLAS DE 90 PLANCHES GRAVÉES

PARIS

LIBRAIRIE CENTRALE DES BEAUX-ARTS

E. LÉVY, ÉDITEUR

13, RUE DE LAFAYETTE (PRÈS L'OPÉRA)

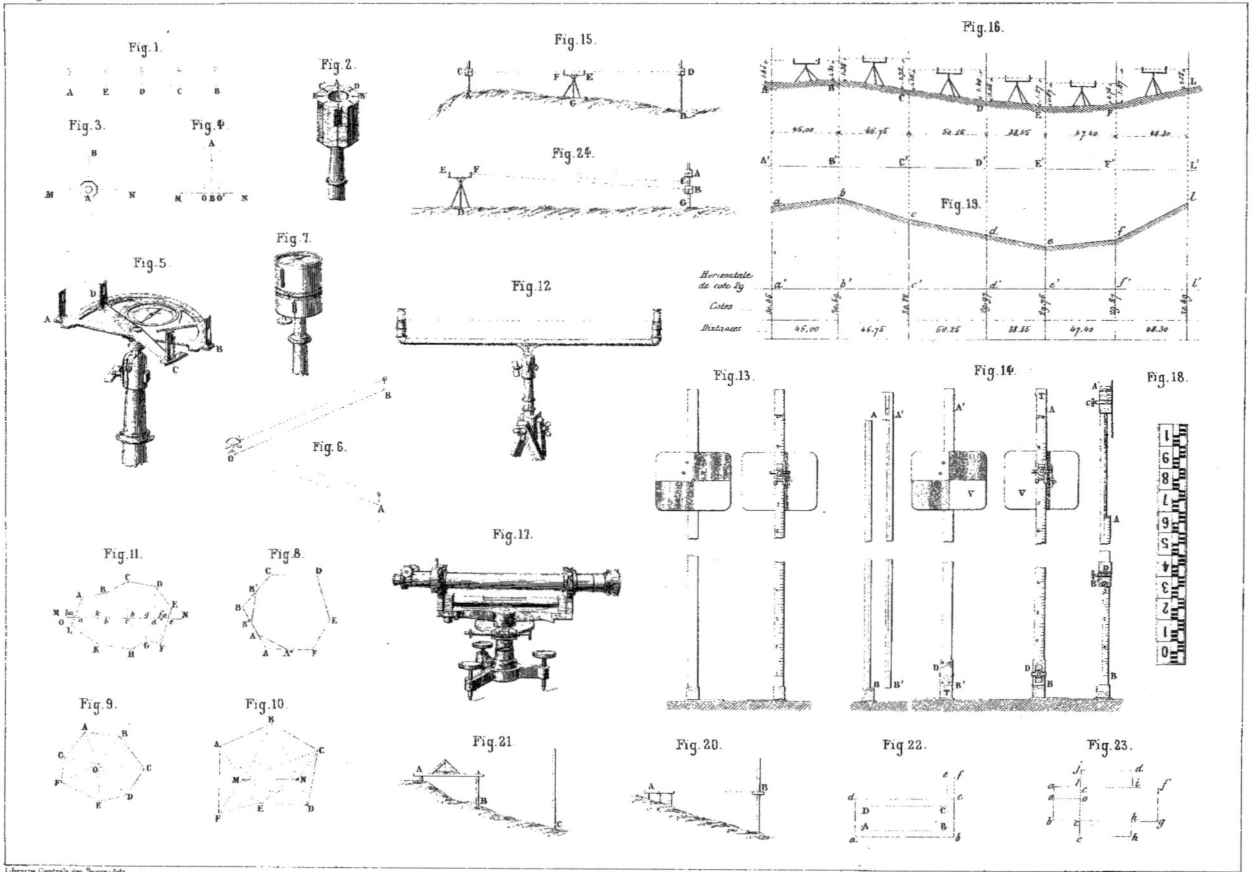
Fig. 1.
Fig. 2.
Fig. 3.
Fig. 4.
Fig. 5.
Fig. 6.
Fig. 7.
Fig. 8.
Fig. 9.
Fig. 10.
Fig. 11.
Fig. 12.
Fig. 13.
Fig. 14.
Fig. 15.
Fig. 16.
Fig. 17.
Fig. 18.
Fig. 19.
Fig. 20.
Fig. 21.
Fig. 22.
Fig. 23.
Fig. 24.
Horizontale de cote 29
Cotes
Distances
45,00
46.75
50.25
38.55
47.40
48.30

Librairie Centrale des Beaux-Arts.
Impr. Lemercier Paris

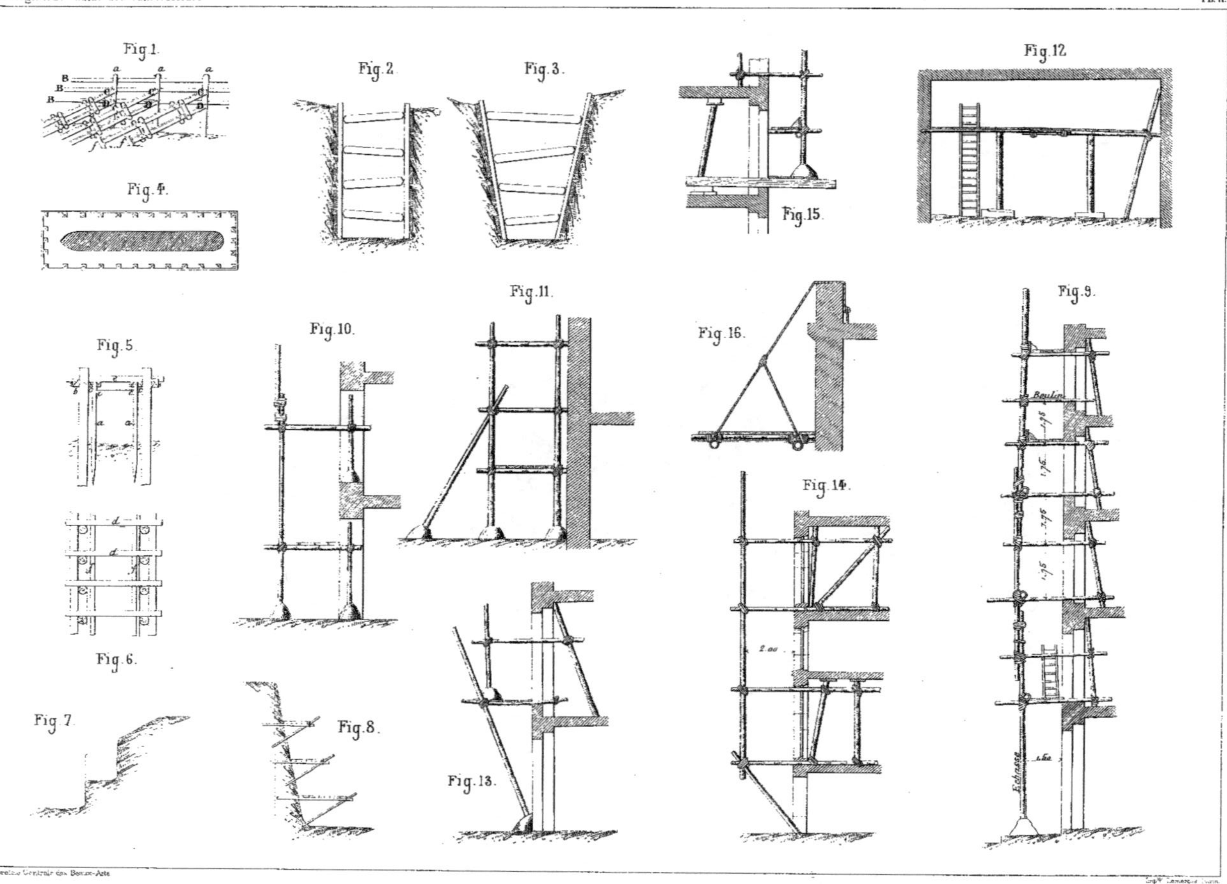

R. Mignard Guide des Constructeurs
Pl. II
Fig.1
Fig.2
Fig.3
Fig.4
Fig.5
Fig.6
Fig.7
Fig.8
Fig.9
Fig.10
Fig.11
Fig.12
Fig.13
Fig.14
Fig.15
Fig.16

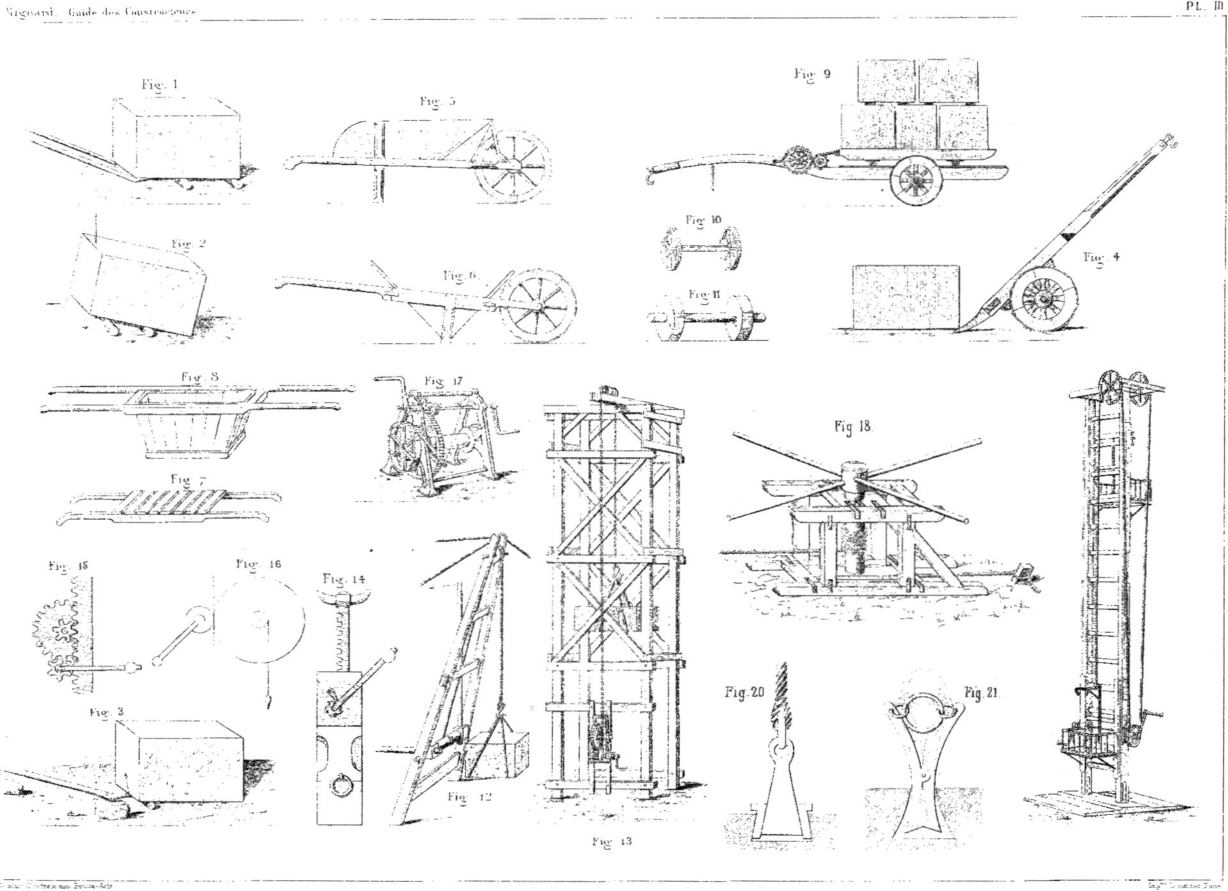
Fig. 1
Fig. 5
Fig. 9
Fig. 2
Fig. 6
Fig. 10
Fig. 11
Fig. 4
Fig. 8
Fig. 17
Fig. 18
Fig. 7
Fig. 15
Fig. 16
Fig. 14
Fig. 20
Fig. 21
Fig. 3
Fig. 12
Fig. 13

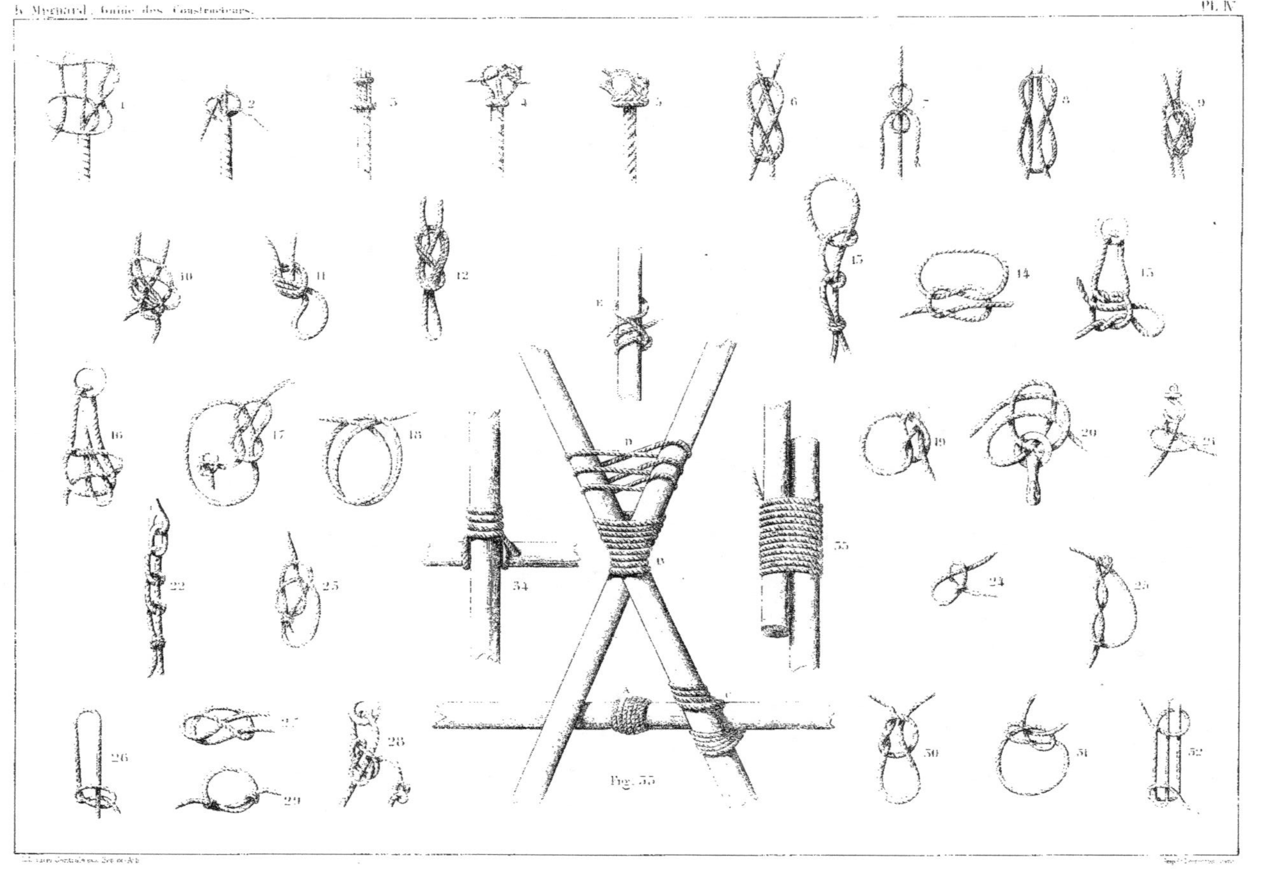

Fig. 33.

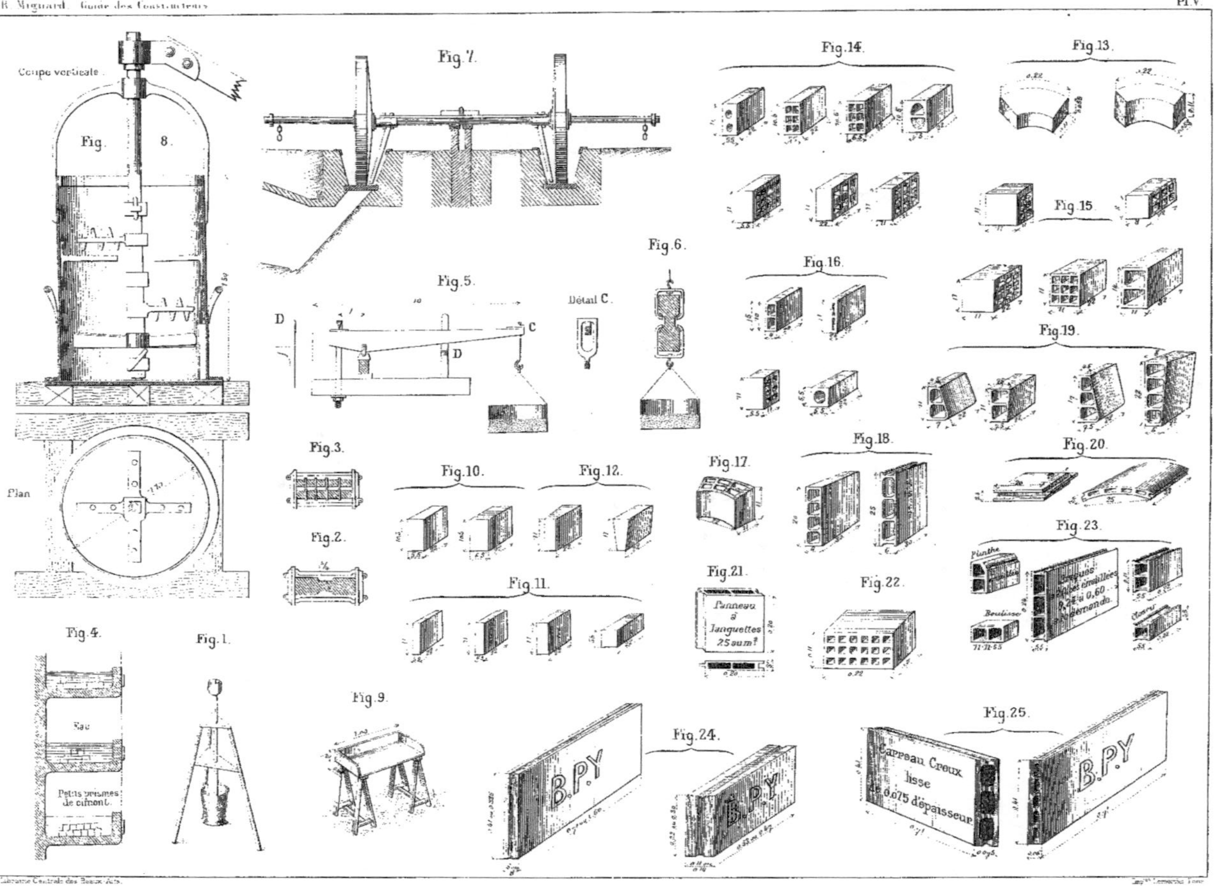
Coupe verticale.
Fig. 8.
Plan
Fig. 7.
Fig. 5.
Détail C.
Fig. 6.
Fig. 3.
Fig. 2.
Fig. 10.
Fig. 12.
Fig. 11.
Fig. 4.
Eau
Petits prismes de ciment.
Fig. 1.
Fig. 9.
Fig. 14.
Fig. 13.
Fig. 15.
Fig. 16.
Fig. 19.
Fig. 18.
Fig. 20.
Fig. 17.
Fig. 21.
Panneau à languettes 25 sum?
Fig. 22.
Fig. 23.
Plinthe
Boutisse
Panneau plein émaillé à 0,60 demande.
Closure
Fig. 24.
Fig. 25.
Carreau Creux lisse de 0,075 d'épaisseur
B.P.Y

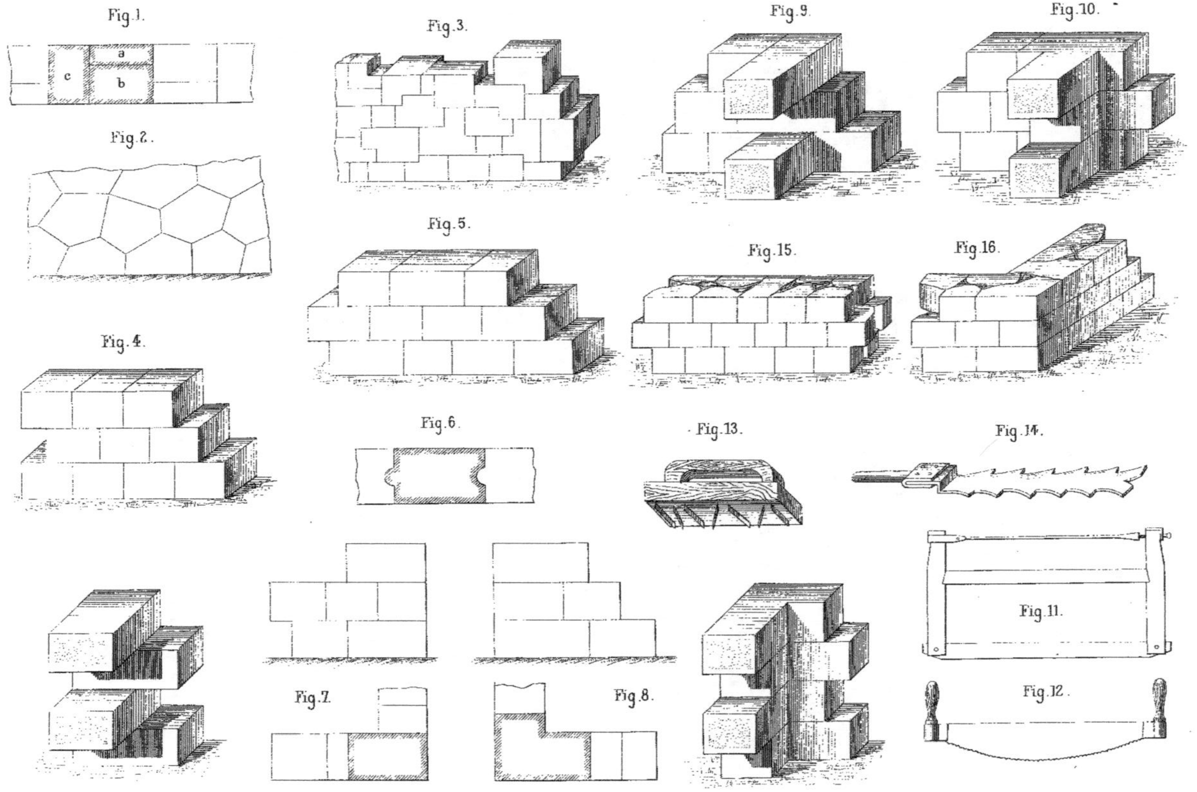
Fig. 1.
a
b
c
Fig. 2.
Fig. 3.
Fig. 4.
Fig. 5.
Fig. 6.
Fig. 7.
Fig. 8.
Fig. 9.
Fig. 10.
Fig. 11.
Fig. 12.
Fig. 13.
Fig. 14.
Fig. 15.
Fig. 16.

Librairie Centrale des Beaux-Arts

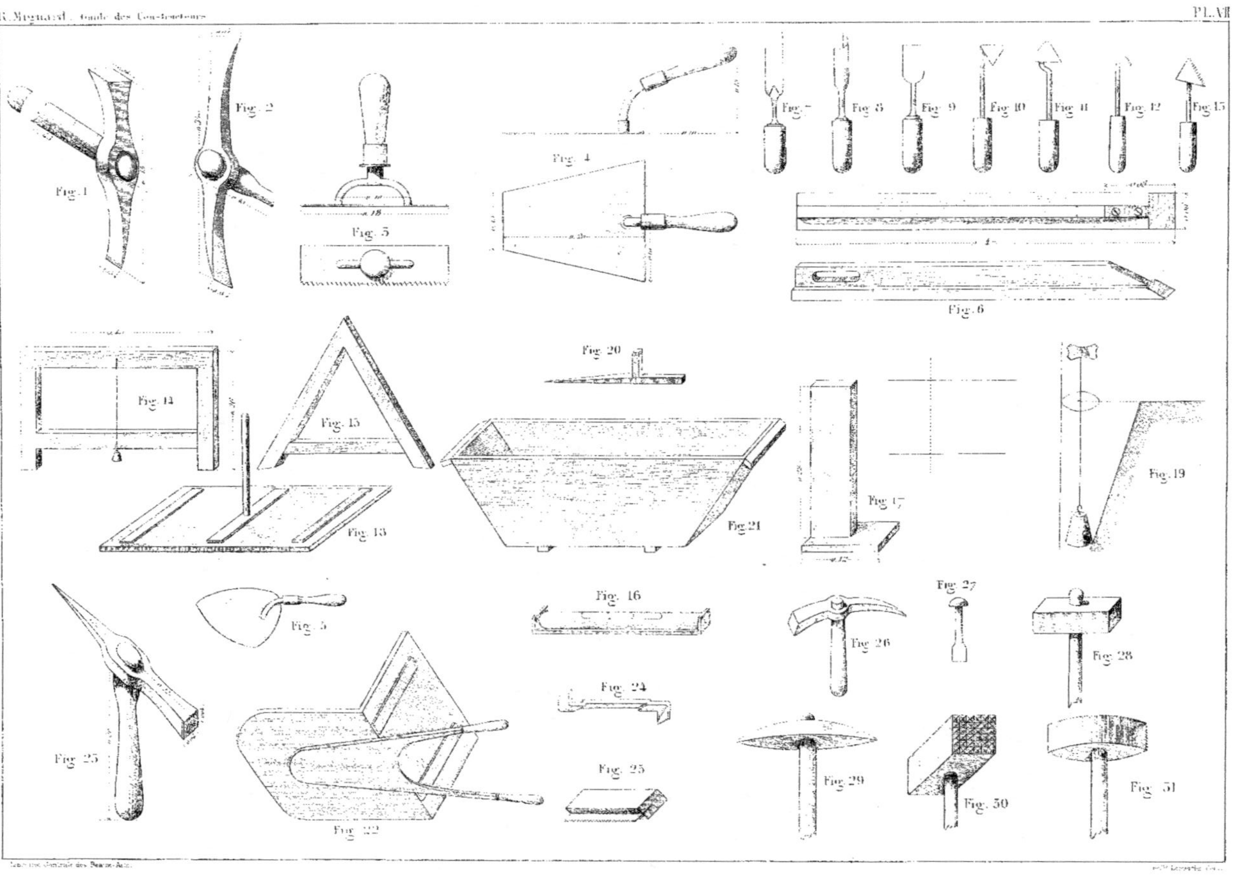

Fig. 1
Fig. 2
Fig. 3
Fig. 4
Fig. 5
Fig. 6
Fig. 7
Fig. 8
Fig. 9
Fig. 10
Fig. 11
Fig. 12
Fig. 13
Fig. 14
Fig. 15
Fig. 16
Fig. 17
Fig. 18
Fig. 19
Fig. 20
Fig. 21
Fig. 22
Fig. 23
Fig. 24
Fig. 25
Fig. 26
Fig. 27
Fig. 28
Fig. 29
Fig. 30
Fig. 31

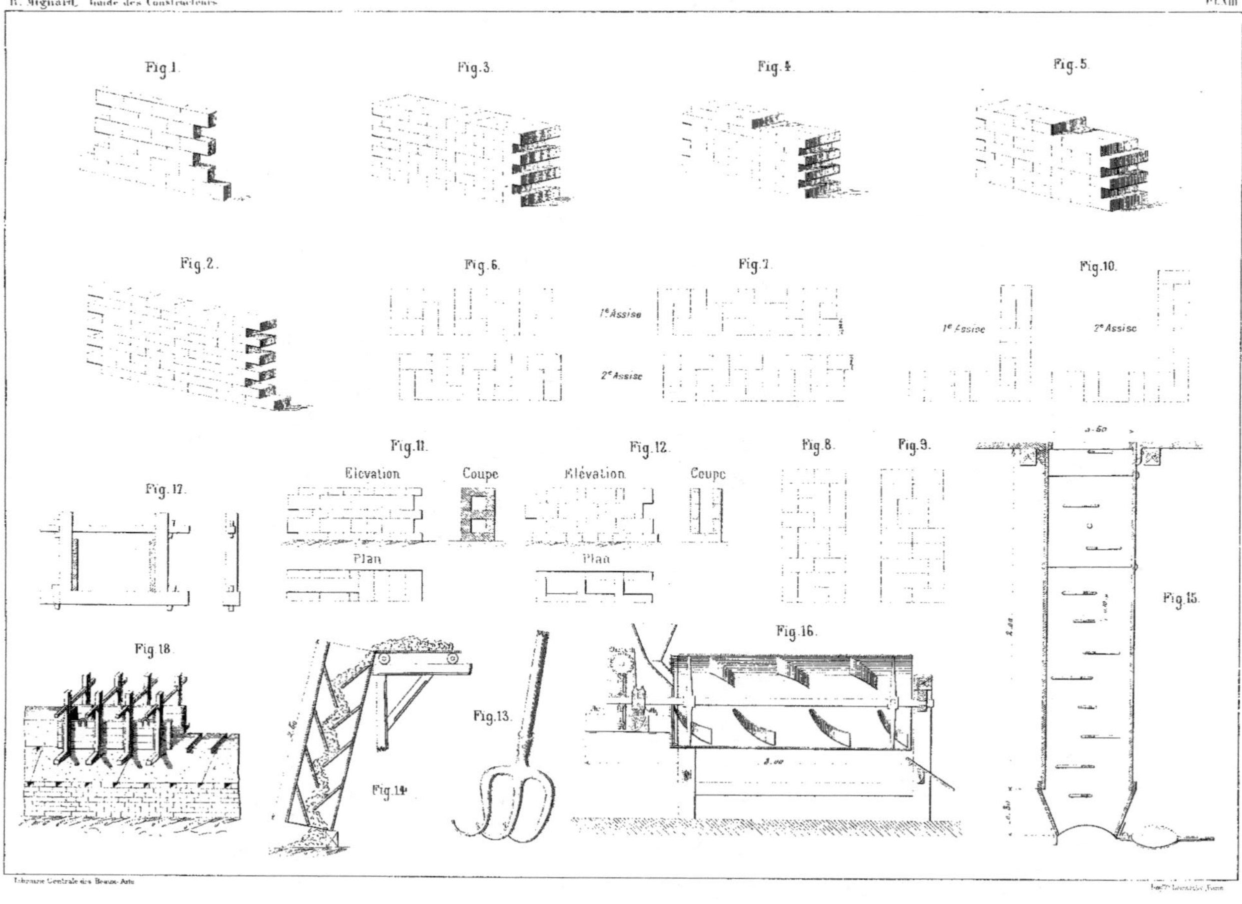

R. Mignard. Guide des Constructeurs
Pl. VIII
Fig. 1.
Fig. 2.
Fig. 3.
Fig. 4.
Fig. 5.
Fig. 6.
Fig. 7.
Fig. 8.
Fig. 9.
Fig. 10.
1re Assise
2e Assise
Fig. 11.
Elevation
Coupe
Plan
Fig. 12.
Elévation
Coupe
Plan
Fig. 13.
Fig. 14.
Fig. 15.
Fig. 16.
Fig. 17.
Fig. 18.
Librairie Centrale des Beaux-Arts
Imp. Lemercier, Paris

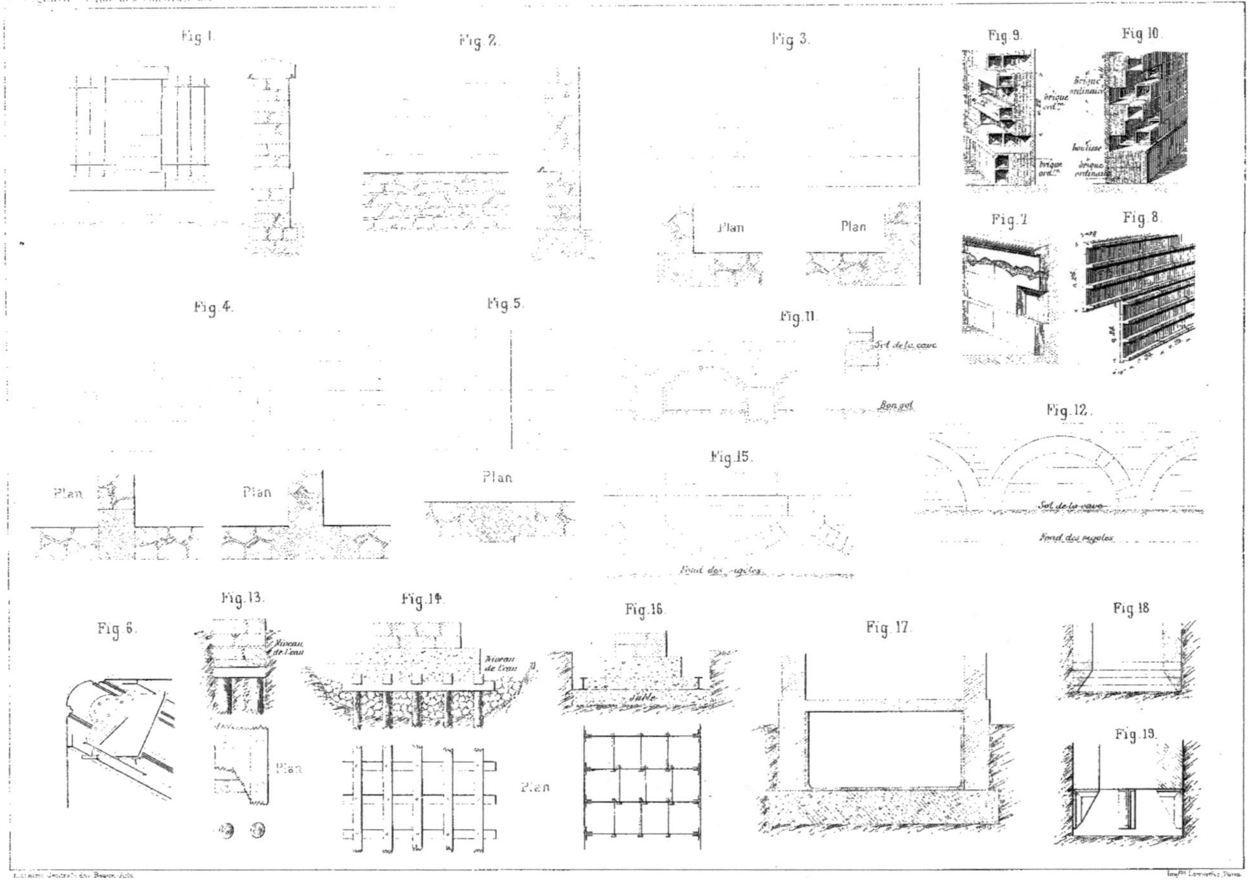
Fig. 1.
Fig. 2.
Fig. 3.
Plan
Plan
Fig. 9.
Fig. 10.
brique ord.re
brique ord.re
brique ordinaire
boulisse
brique ordinaire
Fig. 7.
Fig. 8.
Fig. 4.
Fig. 5.
Fig. 11.
Sol de la cave
Bon sol
Fig. 12.
Plan
Plan
Plan
Fig. 15.
Sol de la cave
Fond des rigoles
Fond des rigoles
Fig. 6.
Fig. 13.
Niveau de l'eau
Plan
Fig. 14.
Niveau de l'eau
Plan
Fig. 16.
Sable
Fig. 17.
Fig. 18.
Fig. 19.

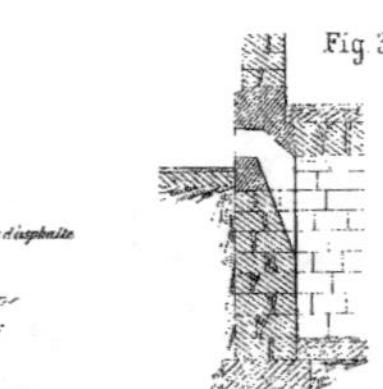
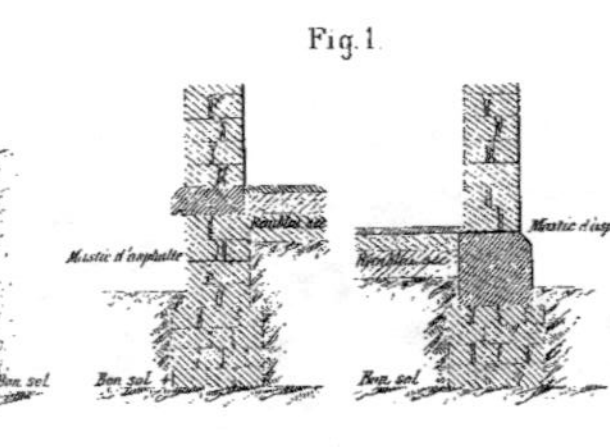
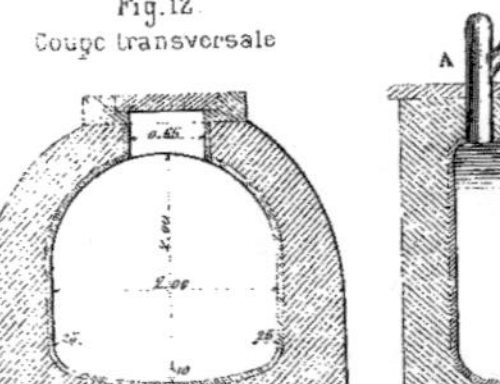
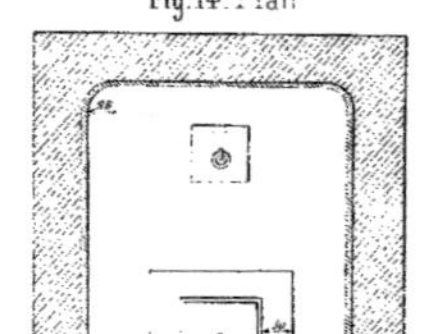
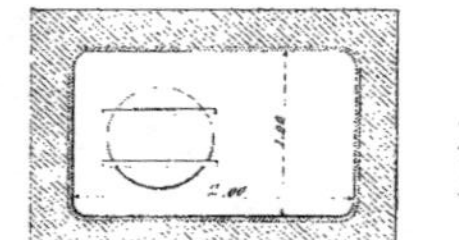
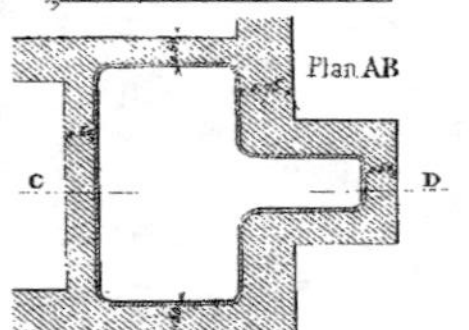
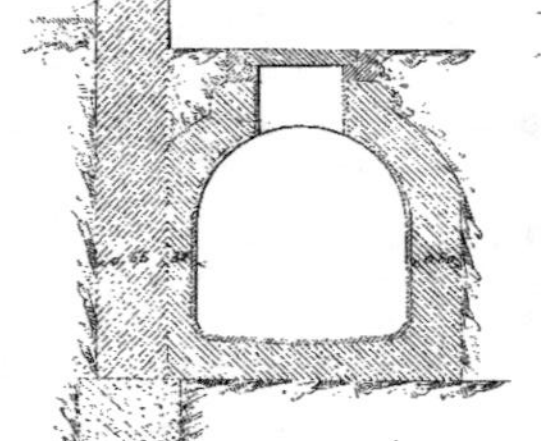
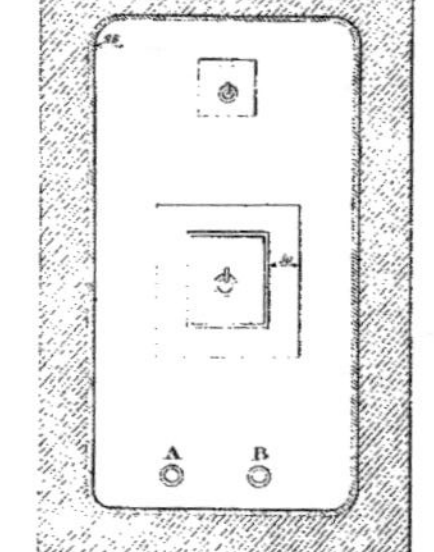

Fig. 2.
Sol des caves
Bon sol
Fig. 1.
Mastic d'asphalte
Remblai sec
Mastic d'asphalte
Bon sol
Fig. 3.
Fig. 5.
Fig. 7.
Fig. 4.
Fig. 11.
Fig. 12. Coupe transversale
Fig. 13. Coupe longitudinale
0.50 au moins
1.00
Fig. 10.
Étalage
Fig. 6.
grille
Fig. 17. Coupe longitudinale
Plan
Fig. 14. Plan
A Tuyau de chute.
B Tuyau de ventilation.
Fig. 15.
Coupe CD
Remblais
Cuve
A
B
Plan AB
C
D
A
B
Fig. 8.
Fig. 9.

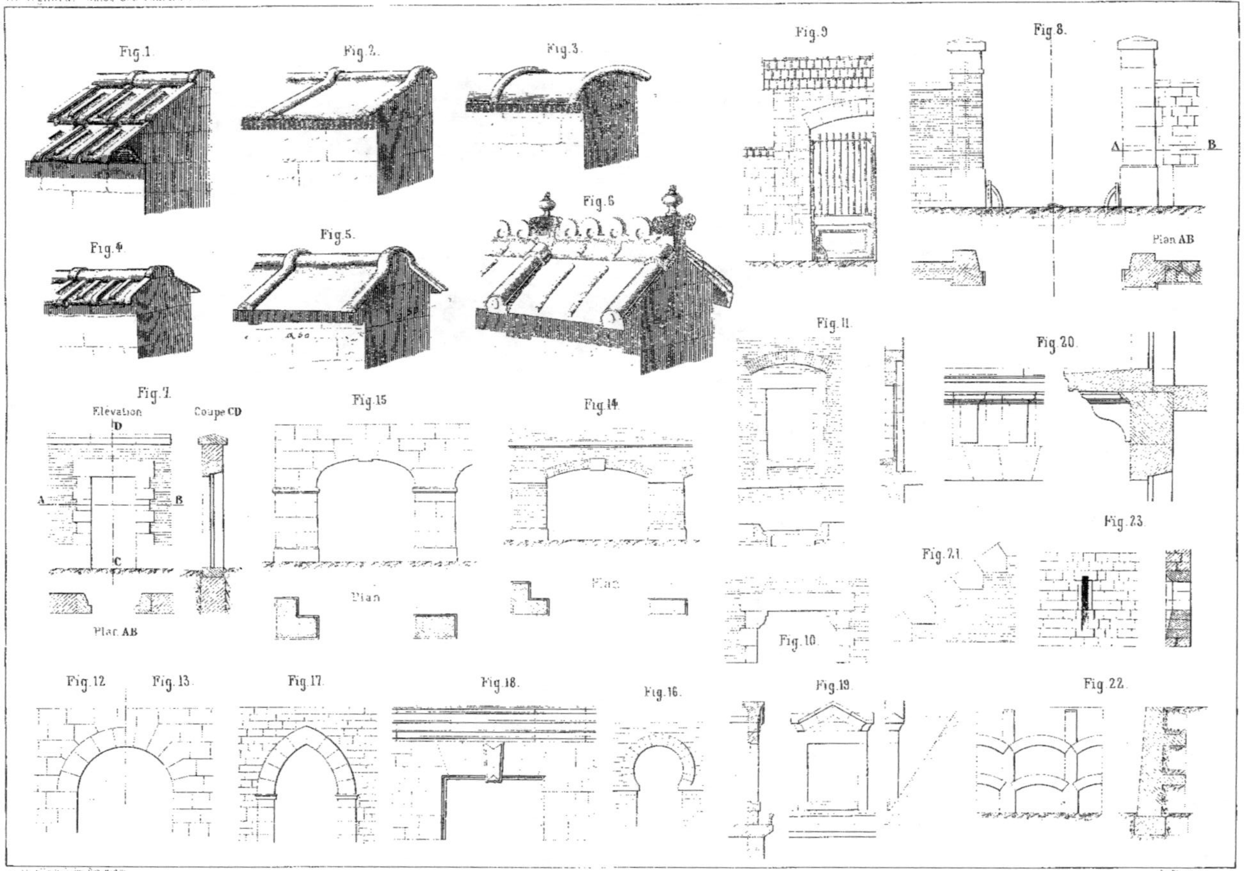

Fig. 1.

Fig. 2.

Fig. 3.

Fig. 9.

Fig. 8.

Fig. 4.

Fig. 5.

Fig. 6.

A   B

Plan AB

Fig. 7.

Elévation

Coupe CD

D

A   B

C

Plan AB

Fig. 15.

Plan

Fig. 14.

Plan

Fig. 11.

Fig. 20.

Fig. 23.

Fig. 21.

Fig. 10.

Fig. 12.

Fig. 13.

Fig. 17.

Fig. 18.

Fig. 16.

Fig. 19.

Fig. 22.

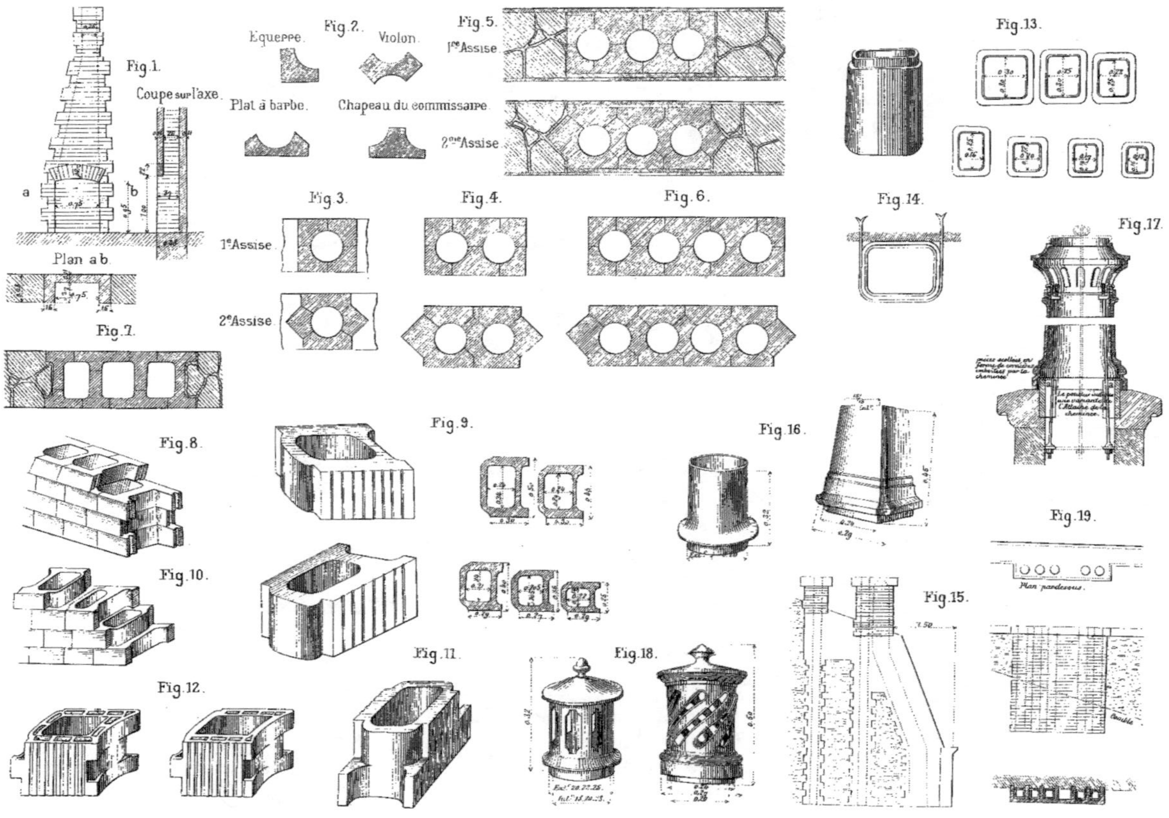
Fig. 1.
Coupe sur l'axe.
a
b
Plan a b.
Fig. 2.
Equerre.
Violon.
Plat à barbe.
Chapeau du commissaire.
Fig. 5.
1re Assise.
2me Assise.
Fig. 3.
1e Assise.
2e Assise.
Fig. 4.
Fig. 6.
Fig. 7.
Fig. 8.
Fig. 9.
Fig. 10.
Fig. 11.
Fig. 12.
Fig. 13.
Fig. 14.
Fig. 15.
Fig. 16.
Fig. 17.
Fig. 18.
Fig. 19.
Plan pardessous.

Librairie Centrale des Beaux-Arts.
Impr. Lemercier Paris

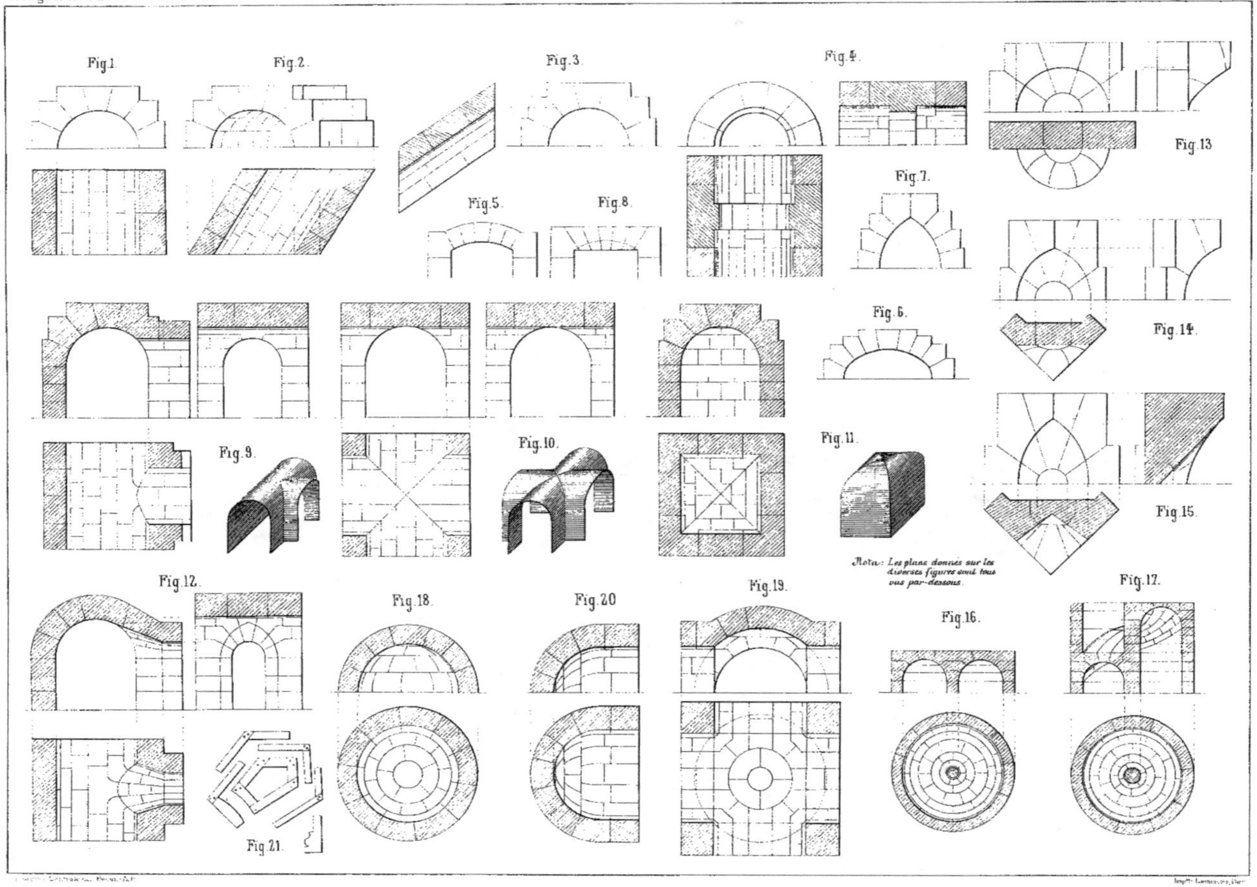

Fig.1

Fig.2.

Fig.3.

Fig.4.

Fig.13

Fig.5.

Fig.8.

Fig.7.

Fig.6.

Fig.14.

Fig.9.

Fig.10.

Fig.11.

Nota: Les plans donnés sur les diverses figures sont tous vus par-dessous.

Fig.15.

Fig.12.

Fig.18.

Fig.20.

Fig.19.

Fig.17.

Fig.16.

Fig.21.

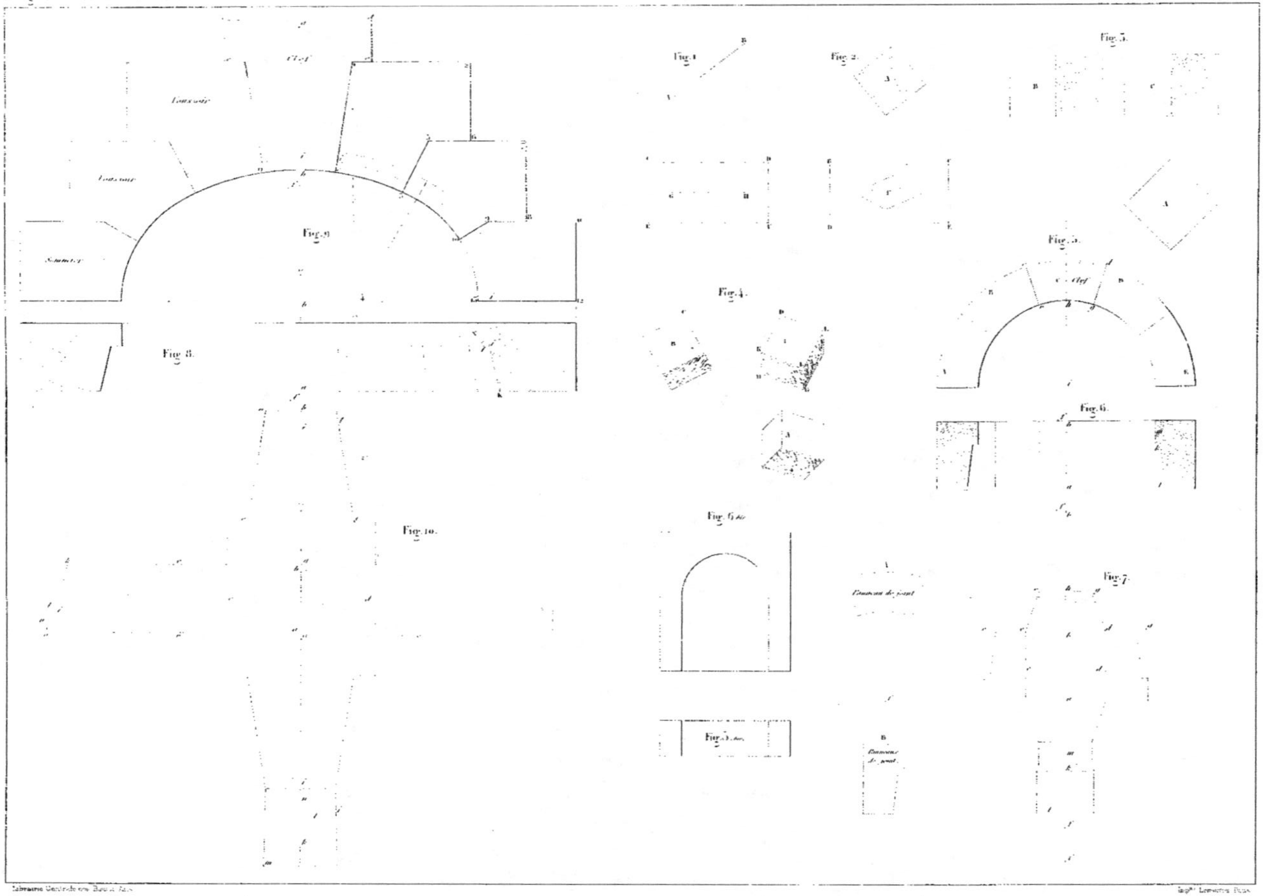
Fig. 1
Fig. 2
Fig. 3
Fig. 4
Fig. 5
Clef
Fig. 6
Fig. 6 bis
Fig. 5 bis
Panneau de joint
Fig. 7
Fig. 8
Fig. 9
Clef
Sommier
Fig. 10

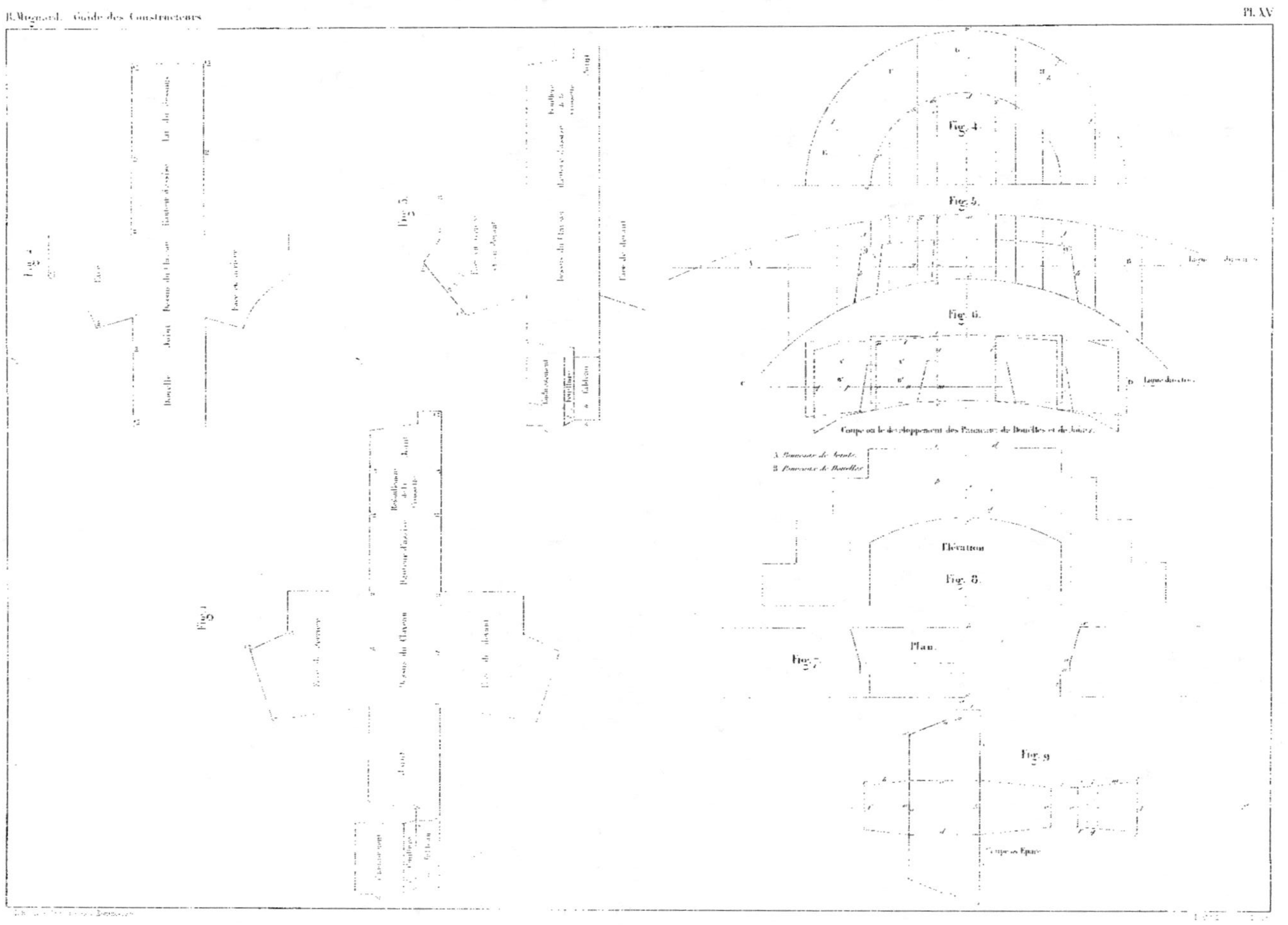
Fig. 4.
Fig. 5.
Fig. 6.
Coupe ou le développement des Panneaux de Bouelles et de Joues.
1. Panneau de Joue.
2. Panneau de Bouelles.
Élévation
Fig. 8.
Plan.
Fig. 7.
Fig. 9.
Coupe en Épure.
Fig. 1.
Fig. 2.
Fig. 3.
Fig. 10.
Face de devant
Face de devant
Dessus du Chaton
Bouelle
Joint
Béton d'assise
Coupe en Épure
Face de devant
Béton d'assise

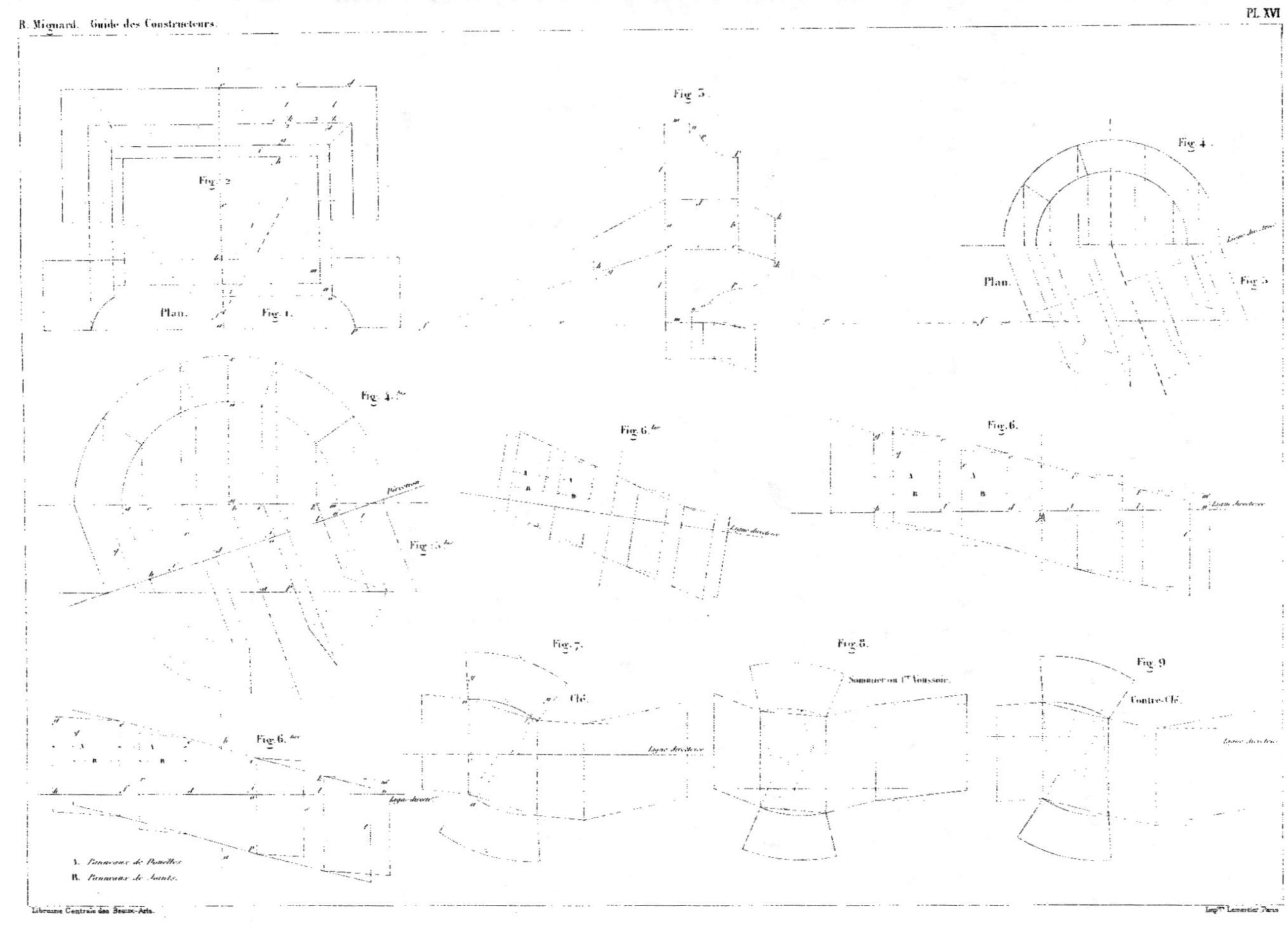
Fig. 5.
Fig. 4.
Fig. 2.
Plan.
Fig. 1.
Plan.
Fig. 3.
Fig. 4. bis
Fig. 6. ter
Fig. 6.
Fig. 5. bis
Fig. 7.
Clé.
Fig. 8.
Sommier ou 1re Voussoir.
Fig. 9
Contre-Clé.
Ligne directrice
Fig. 6. bis
A
B
A. Panneaux de Panelles.
B. Panneaux de Joints.

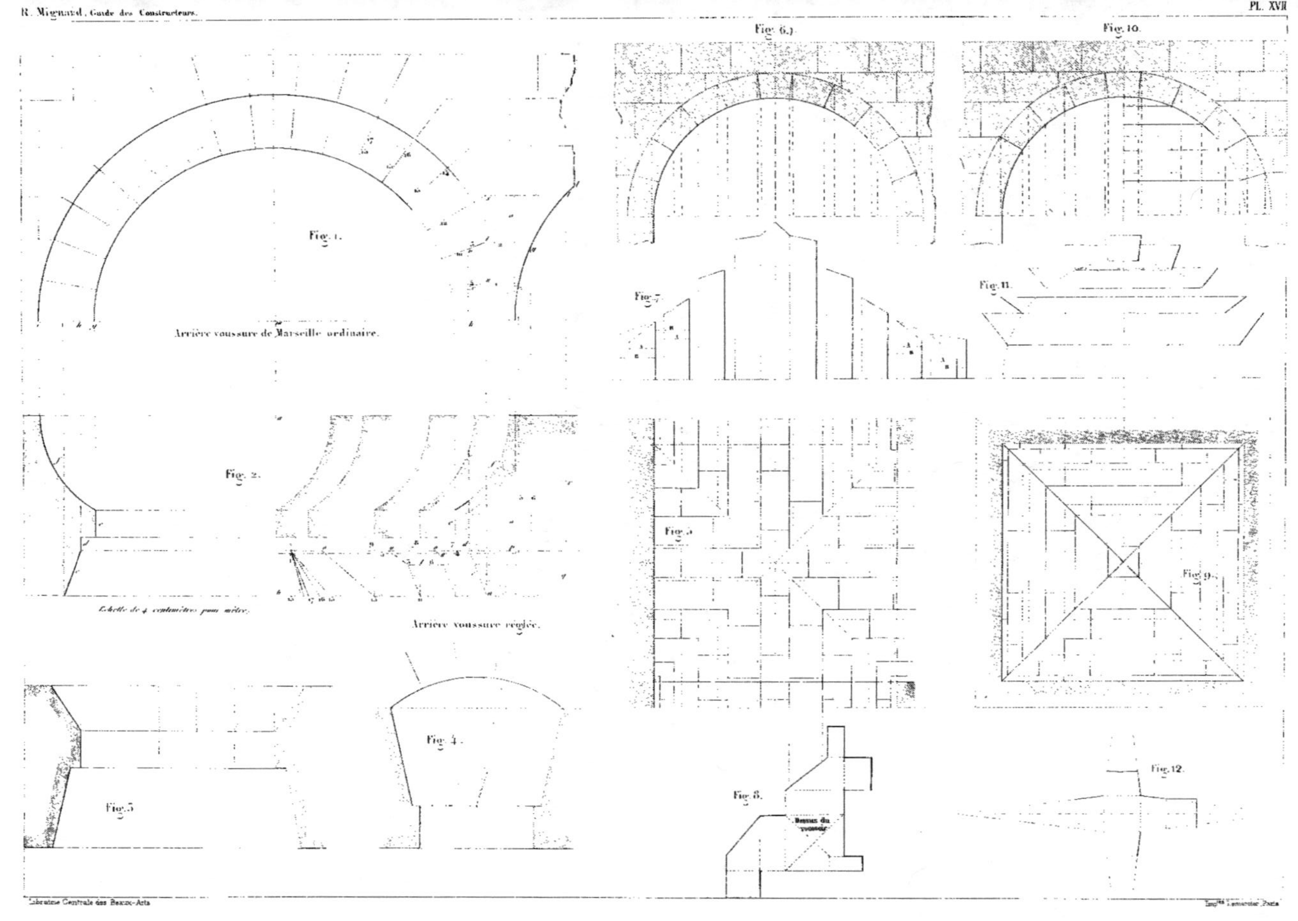

Fig. 1.
Arrière voussure de Marseille ordinaire.
Fig. 2.
Echelle de 4 centimètres pour mètre.
Fig. 5.
Fig. 4.
Arrière voussure réglée.
Fig. 6.)
Fig. 7.
Fig. 5.
Fig. 8.
Retour du voussoir.
Fig. 10.
Fig. 11.
Fig. 9.
Fig. 12.

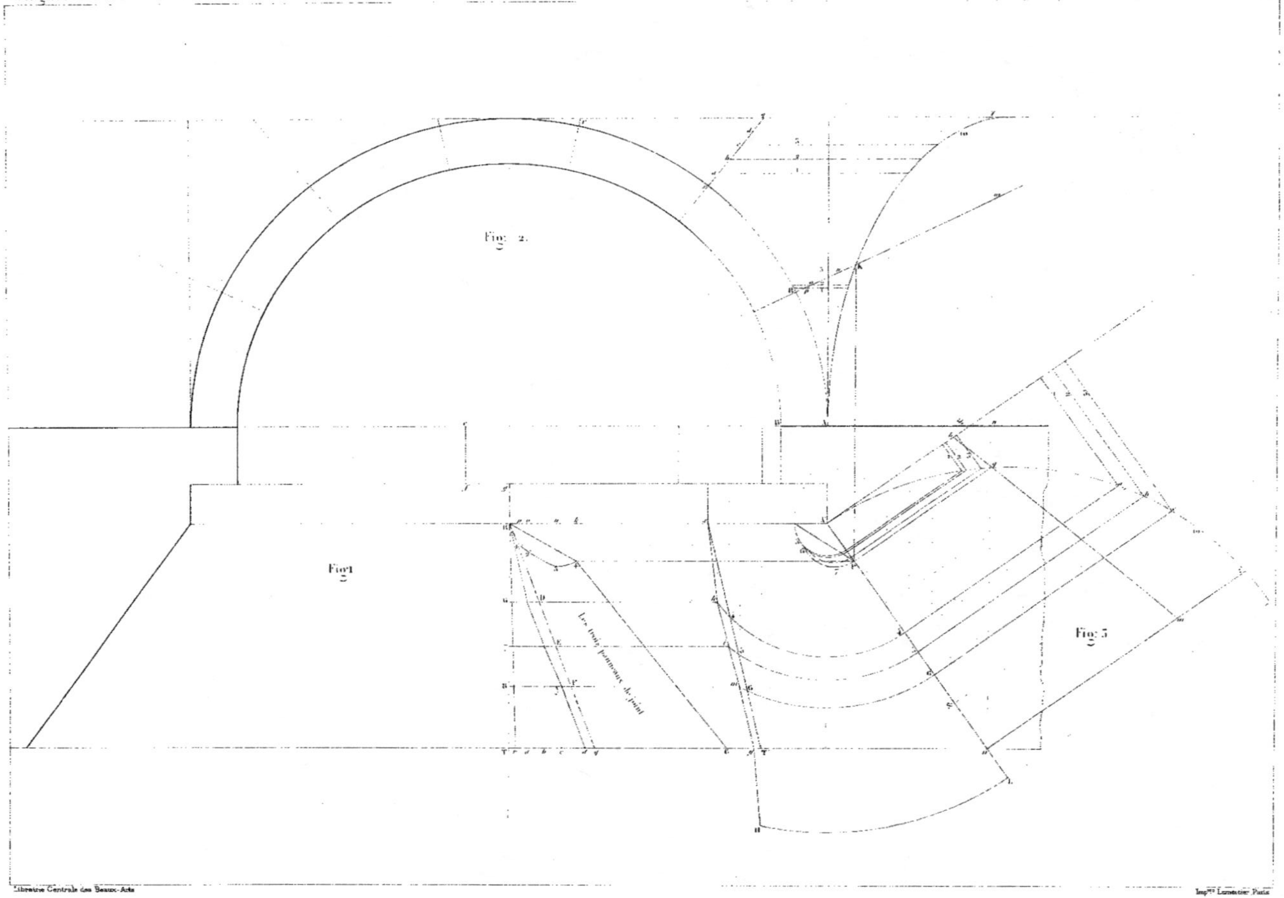

Librairie Centrale des Beaux-Arts

Impᵉʳⁱᵉ Lemercier Paris

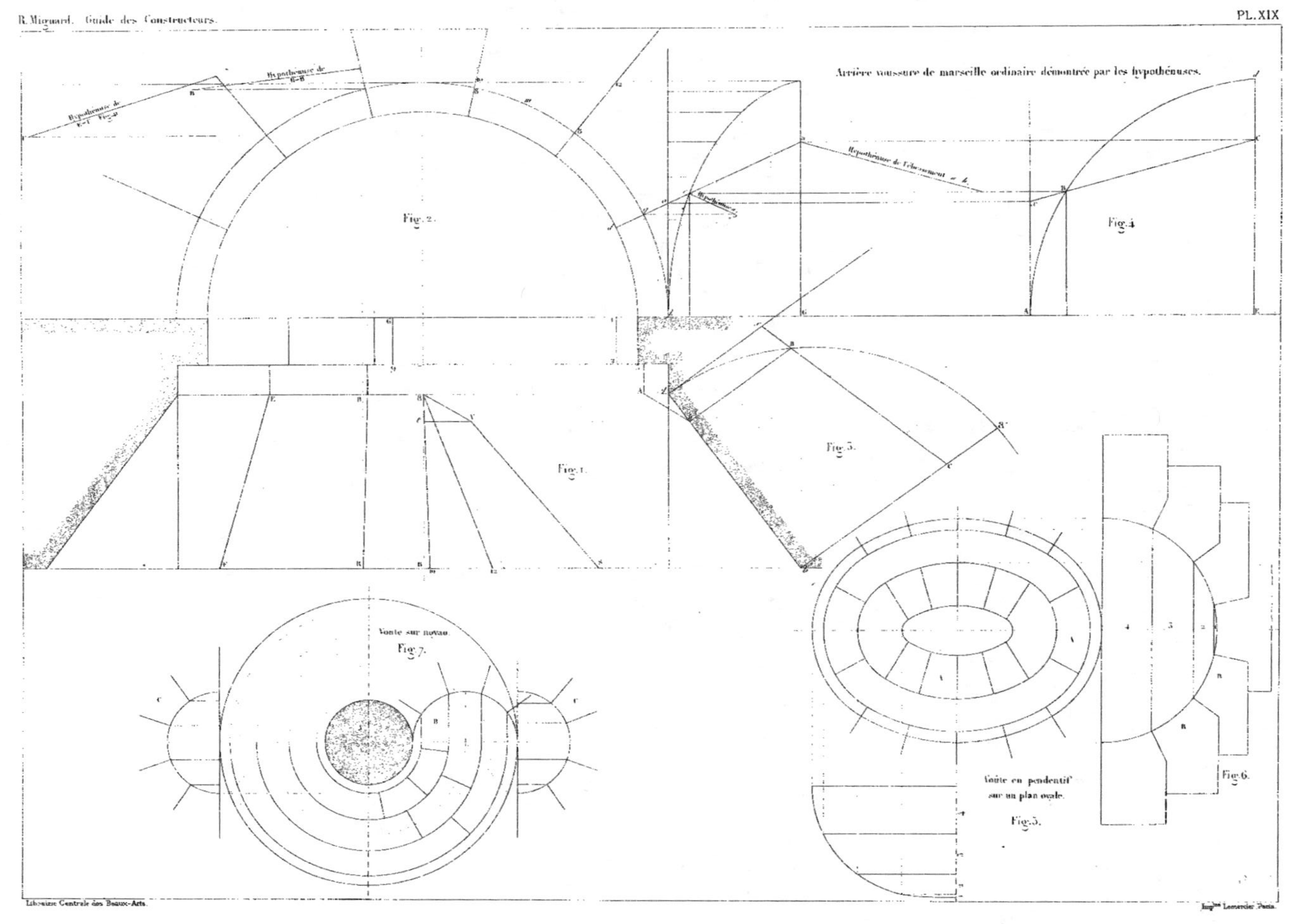
Arrière voussure de marseille ordinaire démontrée par les hypothénuses.
Hypothénuse de G-H
Hypothénuse de E-F
Hypothénuse de l'élancement = h.
Fig. 2.
Fig. 4.
Fig. 1.
Fig. 5.
Fig. 3.
Voûte sur noyau.
Fig. 7.
Voûte en pendentif
sur un plan ovale.
Fig. 5.
Fig. 6.

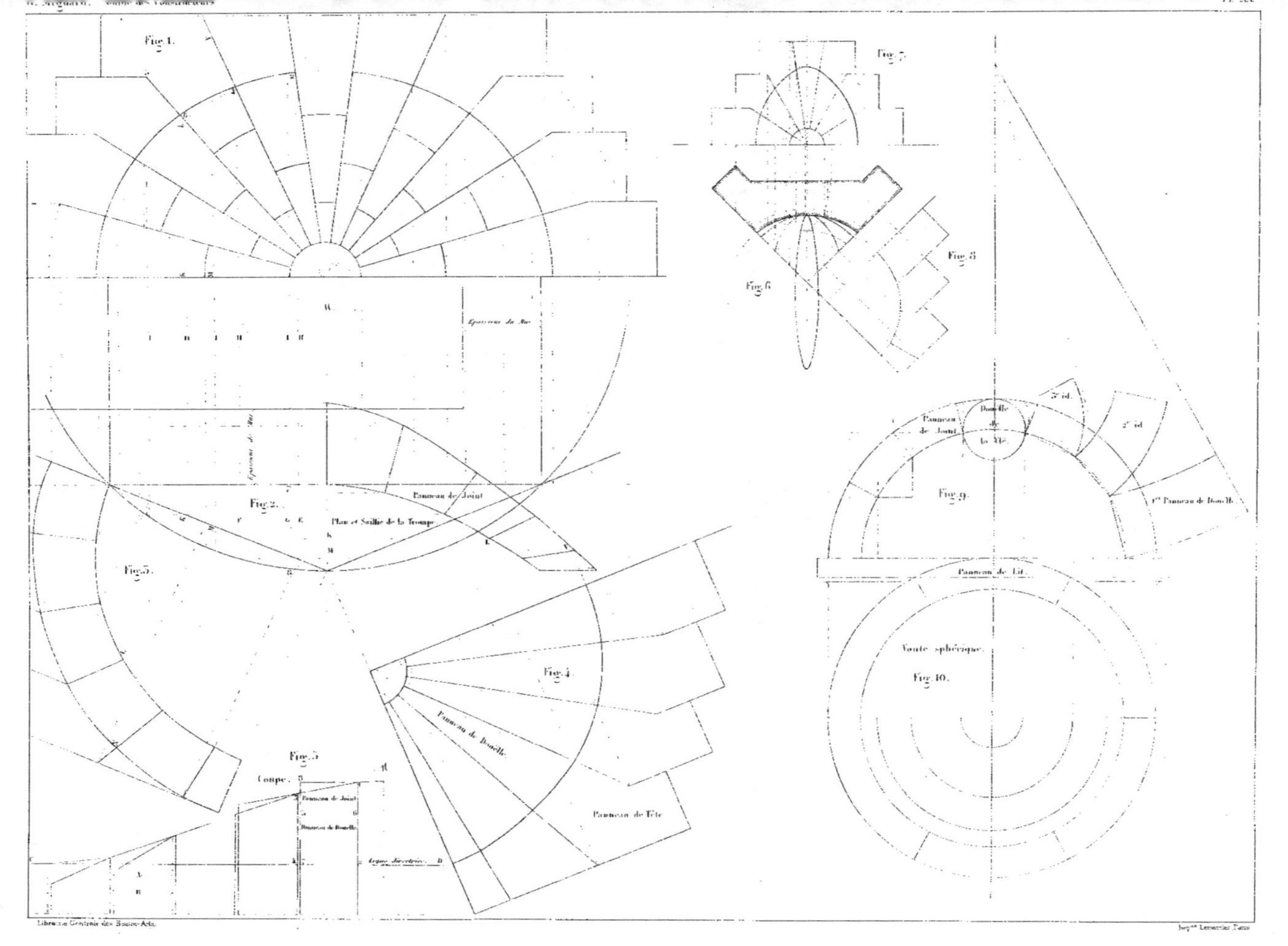
Fig. 1.
Fig. 2.
Fig. 3.
Fig. 4.
Fig. 5.
Fig. 6.
Fig. 7.
Fig. 8.
Fig. 9.
Fig. 10.
Épaisseur du Mur
Épaisseur du Mur
Panneau de Joint
Plan et Saillie de la Trompe
Coupe.
Panneau de Joint
Panneau de Douelle
Ligne directrice
Panneau de Douelle
Panneau de Tête
Panneau de Joint
Douelle
La Clef.
1er Panneau de Douelle
2e id.
3e id.
Panneau de Lit.
Voûte sphérique.

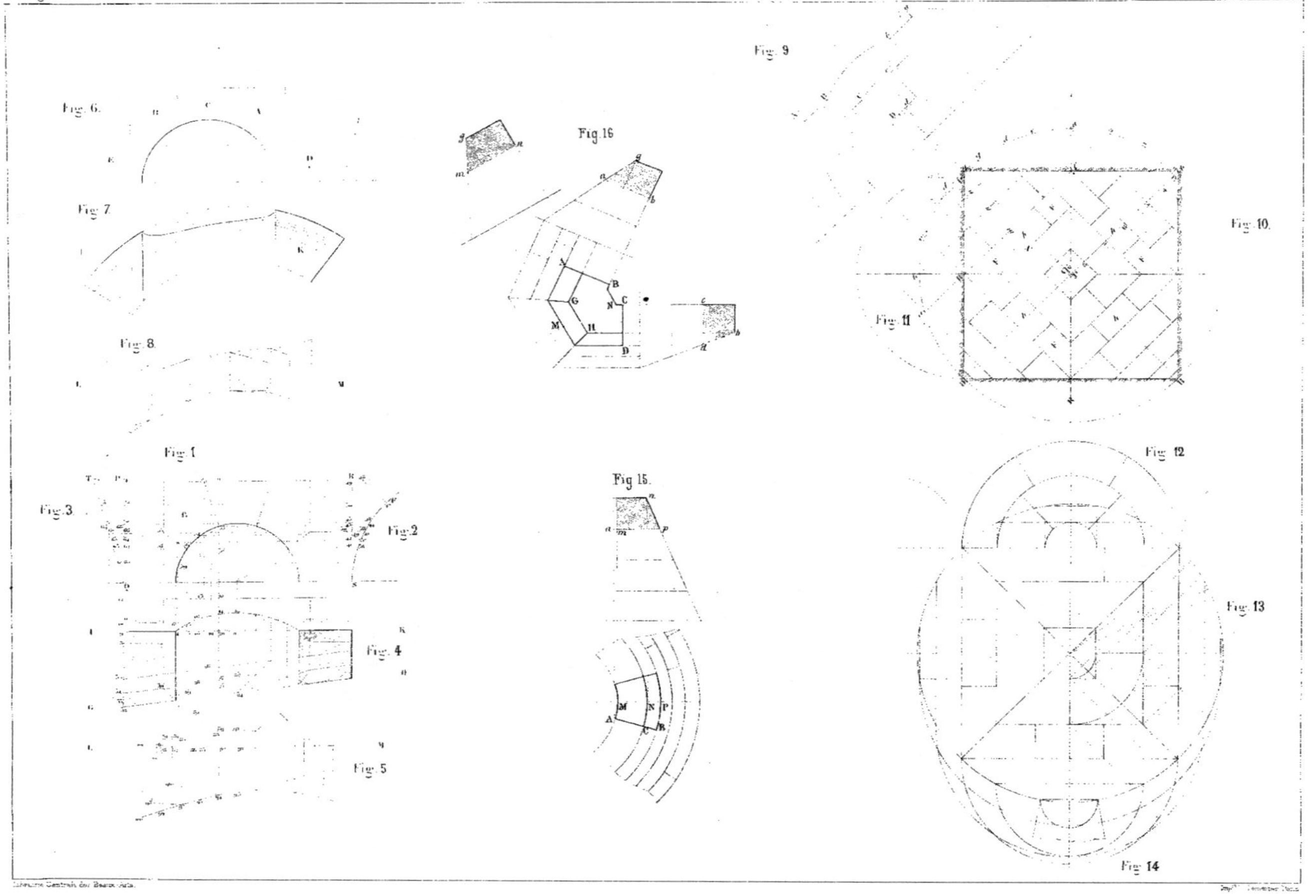
Fig. 1
Fig. 2
Fig. 3
Fig. 4
Fig. 5
Fig. 6
Fig. 7
Fig. 8
Fig. 9
Fig. 10
Fig. 11
Fig. 12
Fig. 13
Fig. 14
Fig. 15
Fig. 16
A
B
C
D
G
H
M
N
P

Librairie Centrale des Beaux-Arts.

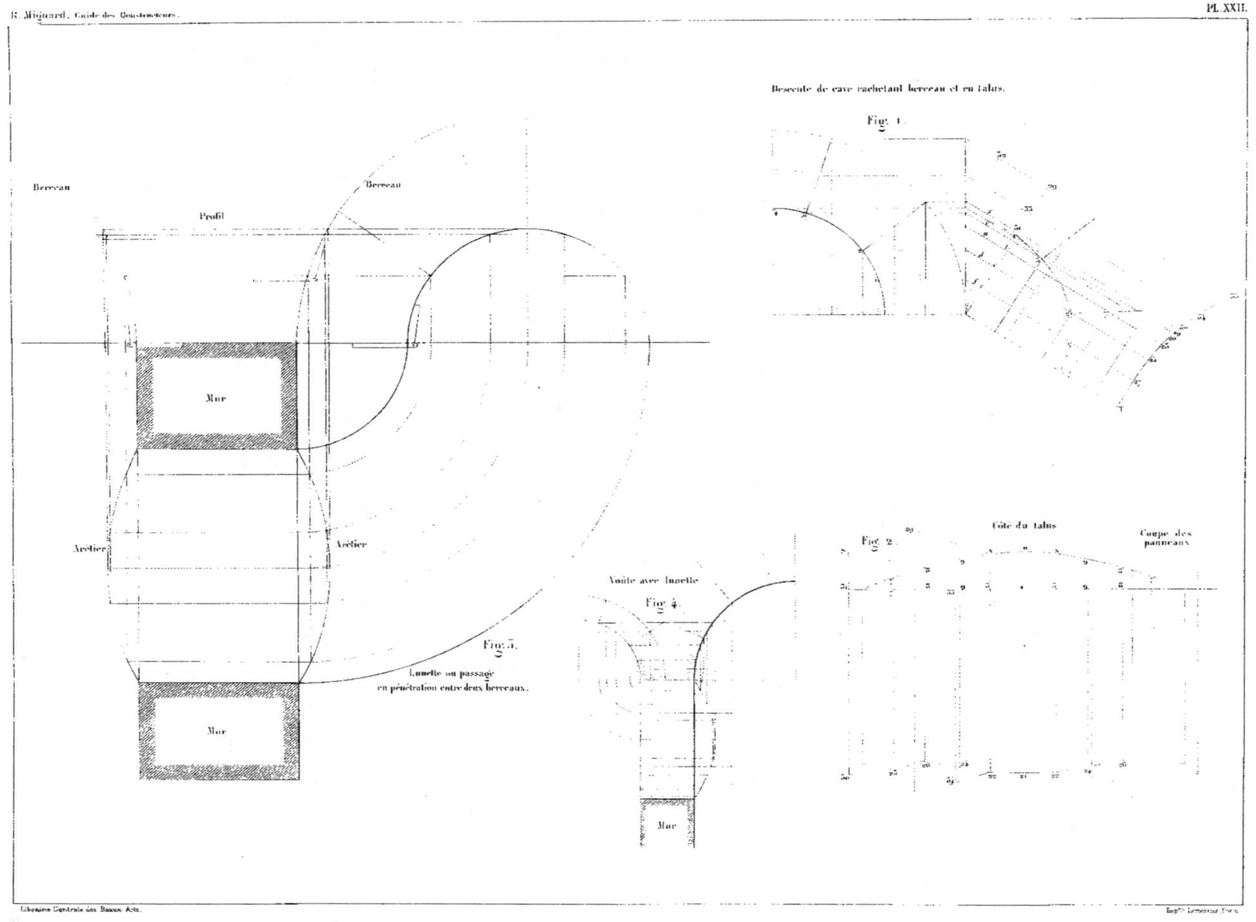
Berceau
Berceau
Profil
Mur
Arêtier
Arêtier
Mur
Fig. 3.
Lunette ou passage
en pénétration entre deux berceaux.
Descente de cave rachetant berceau et en talus.
Fig. 1.
Fig. 2.
Côte du talus
Coupe des
panneaux
Voûte avec lunette
Fig. 4.
Mur

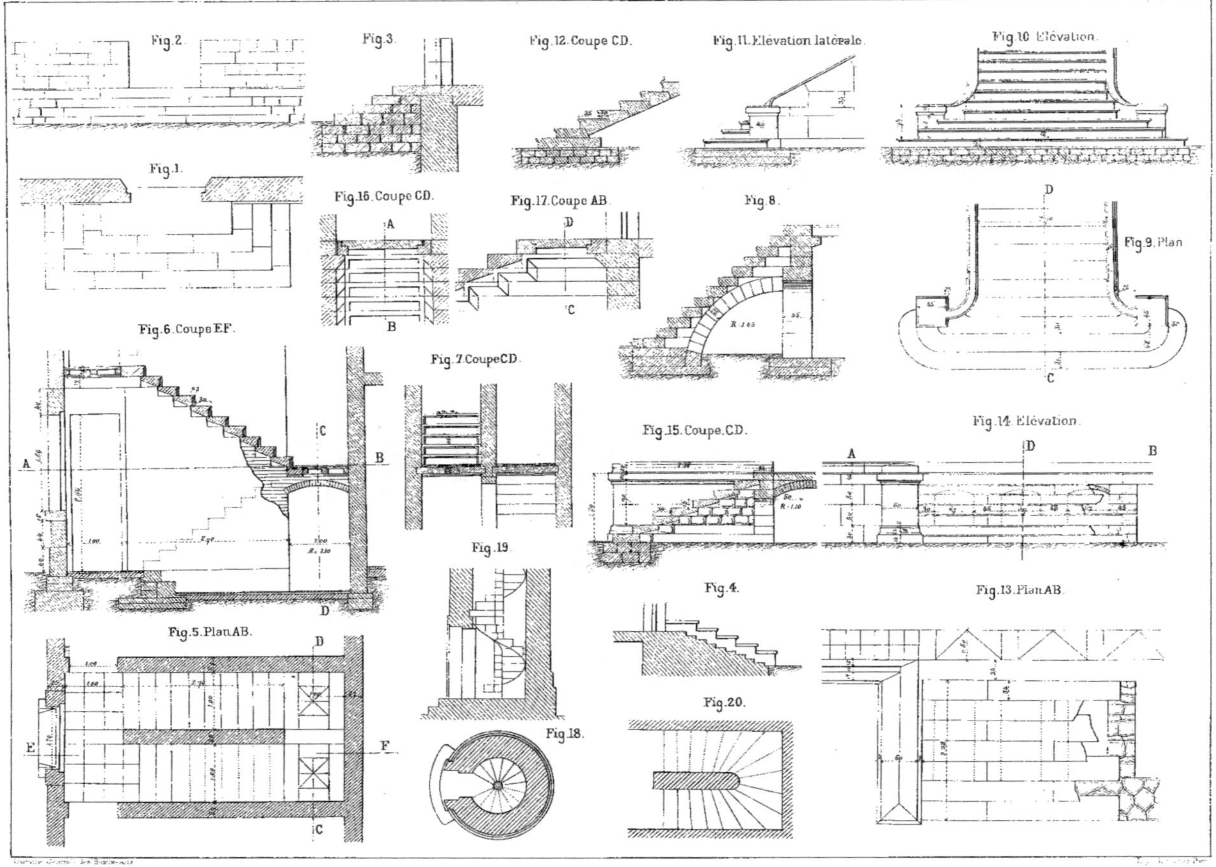

Fig.2.

Fig.3.

Fig.12.Coupe CD.

Fig.11.Elévation latérale.

Fig.10.Elévation.

Fig.1.

Fig.16.Coupe CD.

Fig.17.Coupe AB

Fig.8.

Fig.9.Plan

Fig.6.Coupe EF.

Fig.7.CoupeCD.

Fig.15.Coupe.CD.

Fig.14.Elévation.

Fig.19.

Fig.4.

Fig.13.Plan AB.

Fig.5.Plan AB.

Fig.18.

Fig.20.

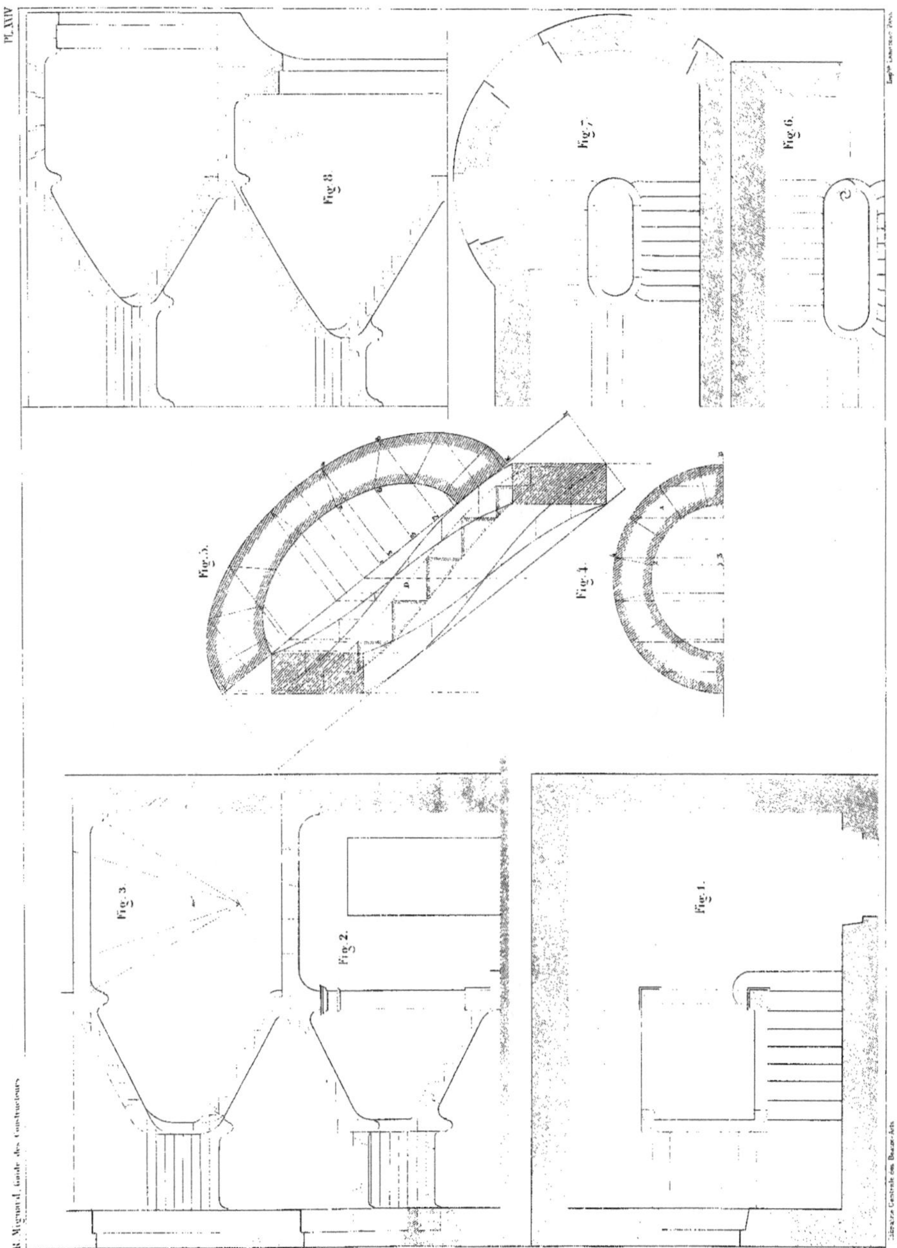

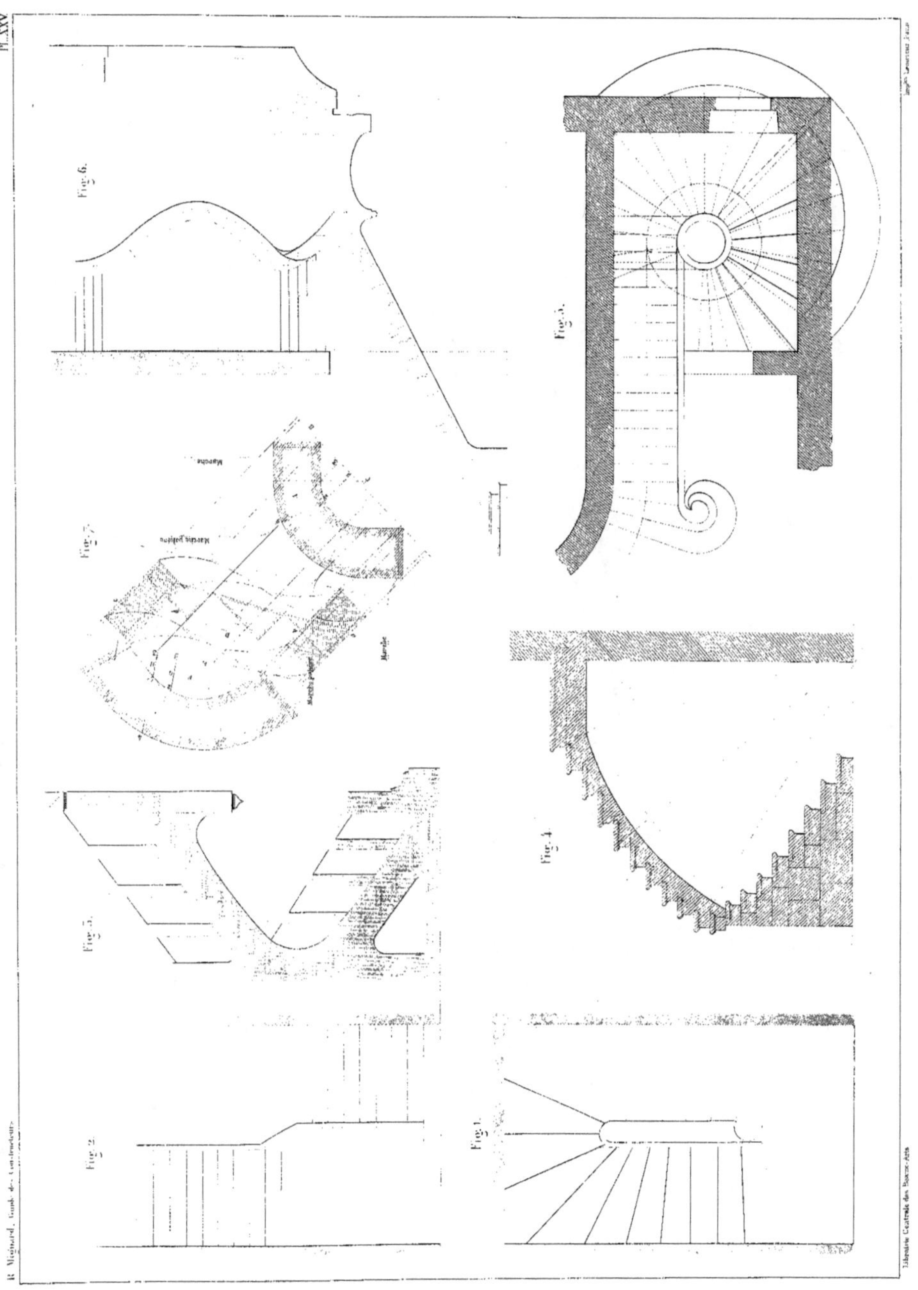

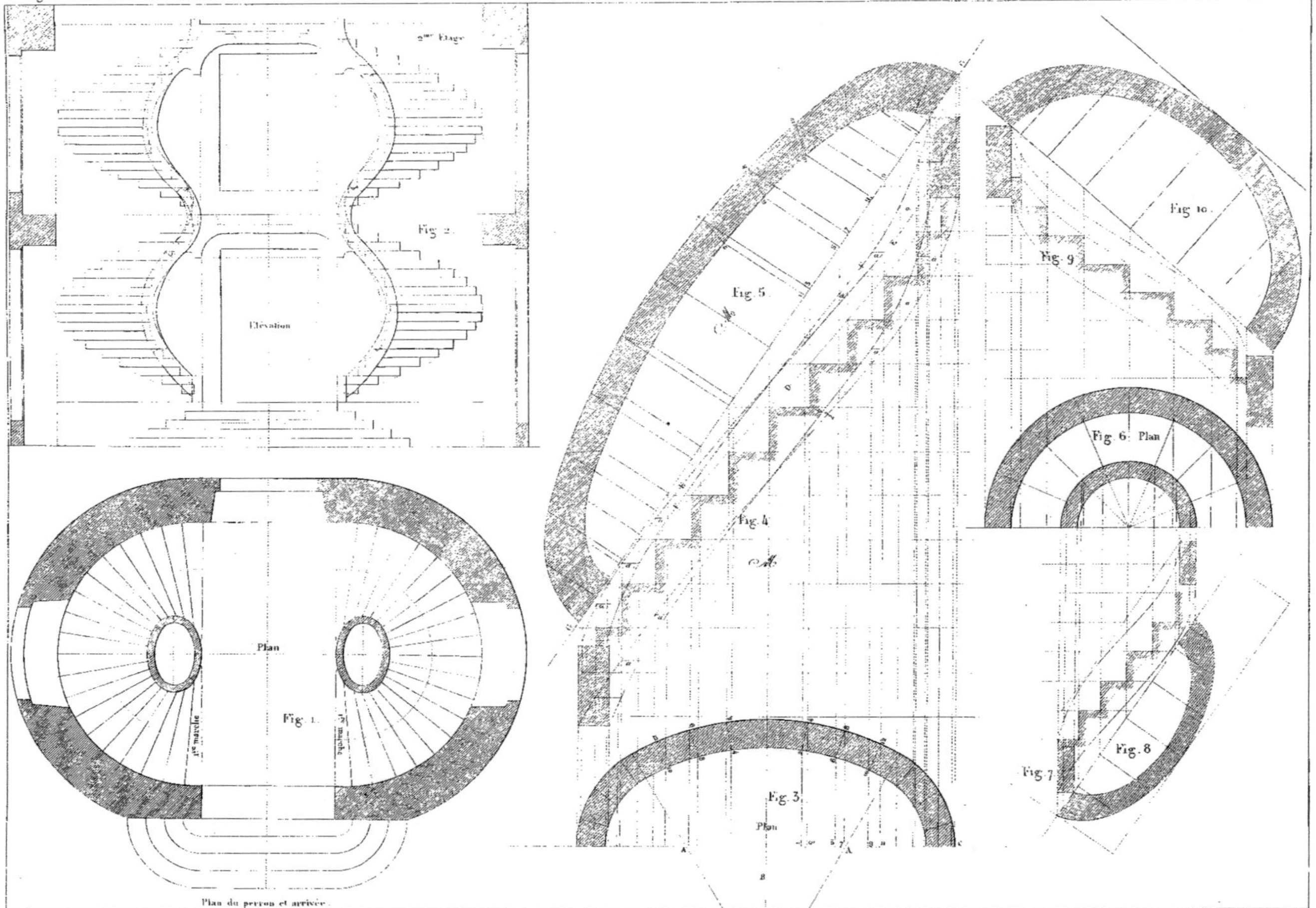

2me Étage
Fig. 2
Élévation
Plan
Fig. 1
1re marche
1re marche
Plan du perron et arrivée
Fig. 5
Fig. 10
Fig. 9
Fig. 6. Plan
Fig. 4
Fig. 8
Fig. 7
Fig. 3
Plan
A
B

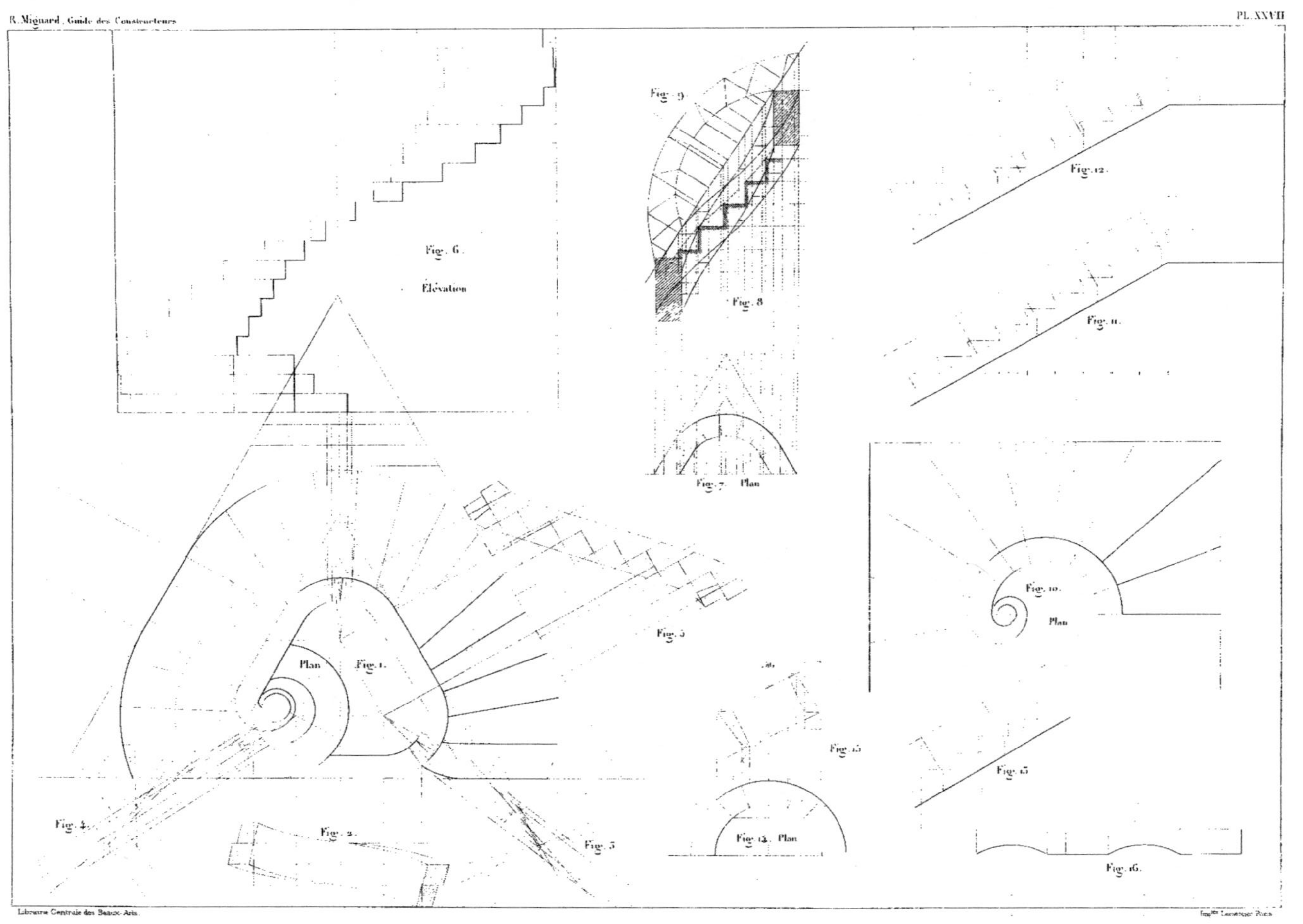

Fig. 6.
Élévation
Fig. 9.
Fig. 8.
Fig. 7. Plan
Fig. 12.
Fig. 11.
Fig. 10.
Plan
Plan Fig. 1.
Fig. 5.
Fig. 4.
Fig. 2.
Fig. 3.
Fig. 15.
Fig. 13
Fig. 13. Plan
Fig. 15.
Fig. 16.

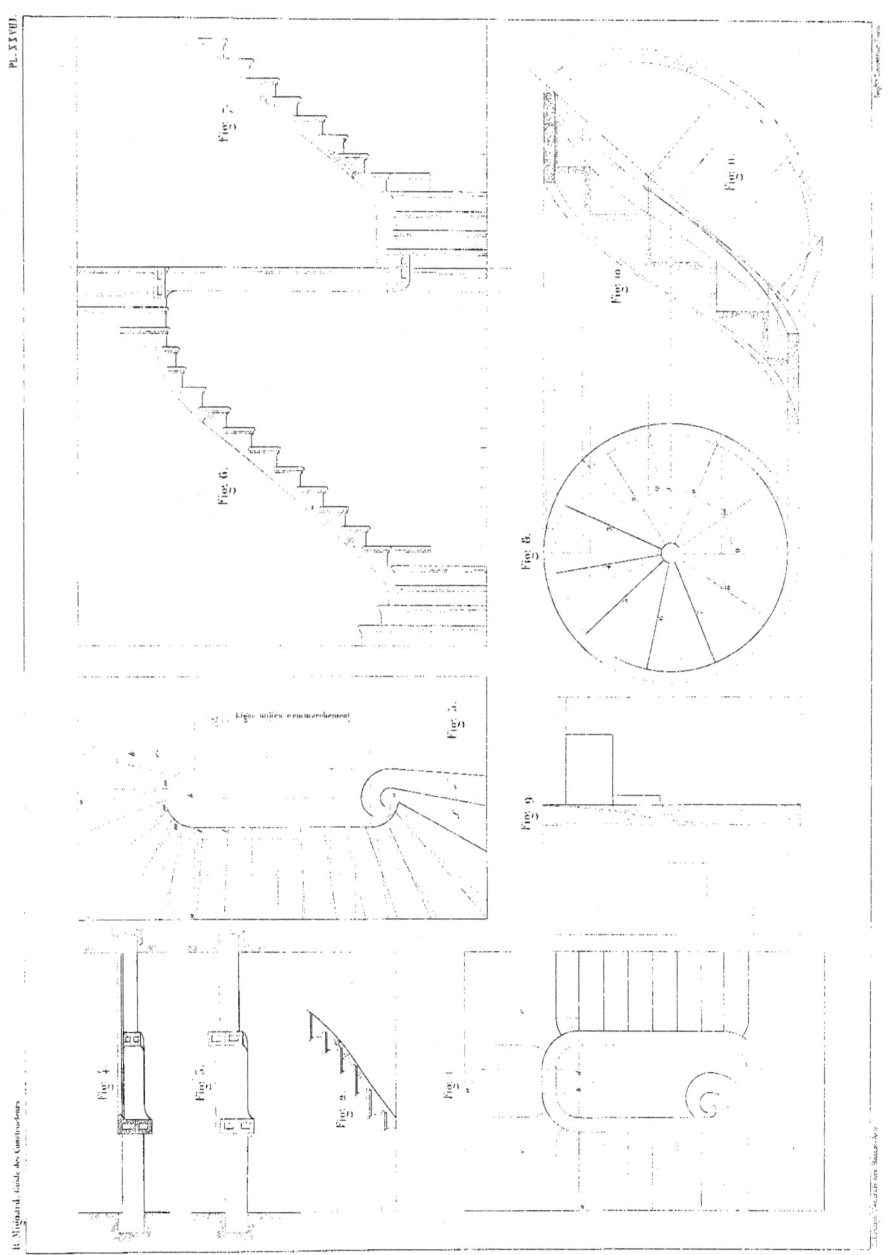

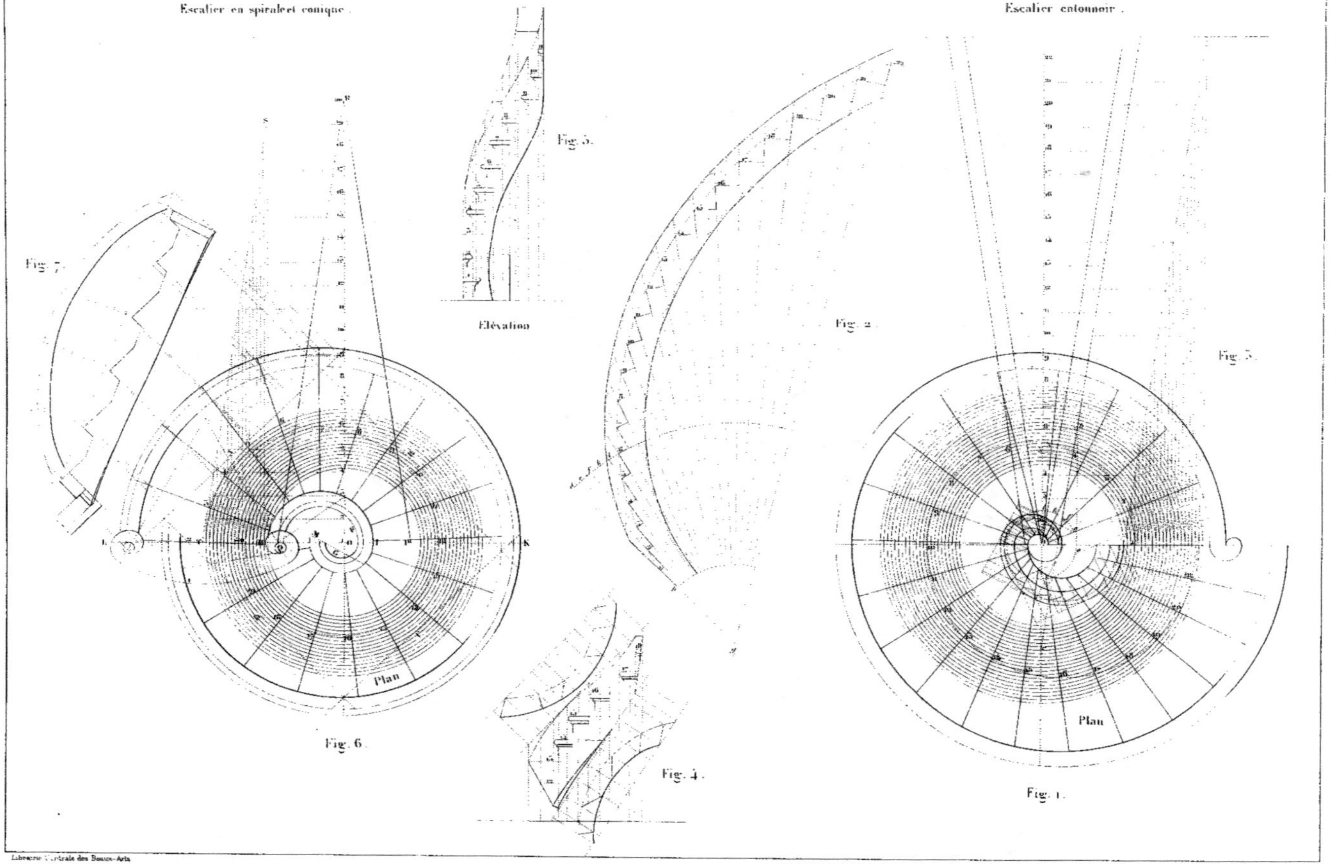

Escalier en spirale et conique.

Escalier entonnoir.

Fig. 5.

Élévation

Fig. 7.

Fig. 2.

Fig. 3.

Plan

Fig. 6.

Fig. 4.

Plan

Fig. 1.

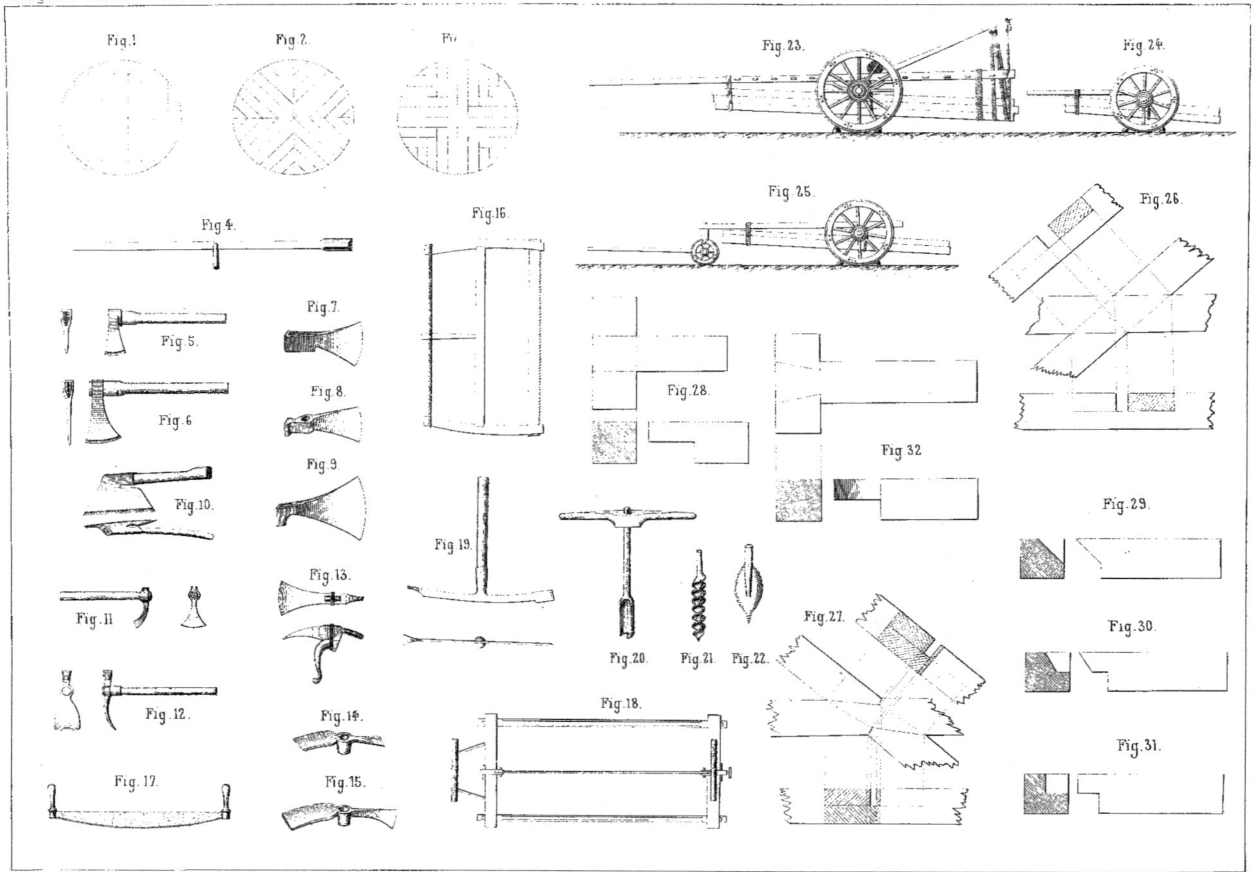

Fig.1.   Fig.2.   Fig.3.   Fig.23.   Fig.24.

Fig.4.   Fig.16.   Fig.25.   Fig.26.

Fig.5.   Fig.7.

Fig.6.   Fig.8.   Fig.28.

Fig.9.   Fig.32.

Fig.10.   Fig.19.   Fig.29.

Fig.11.   Fig.13.

Fig.20.   Fig.21.   Fig.22.   Fig.27.   Fig.30.

Fig.12.   Fig.18.

Fig.17.   Fig.14.   Fig.31.

Fig.15.

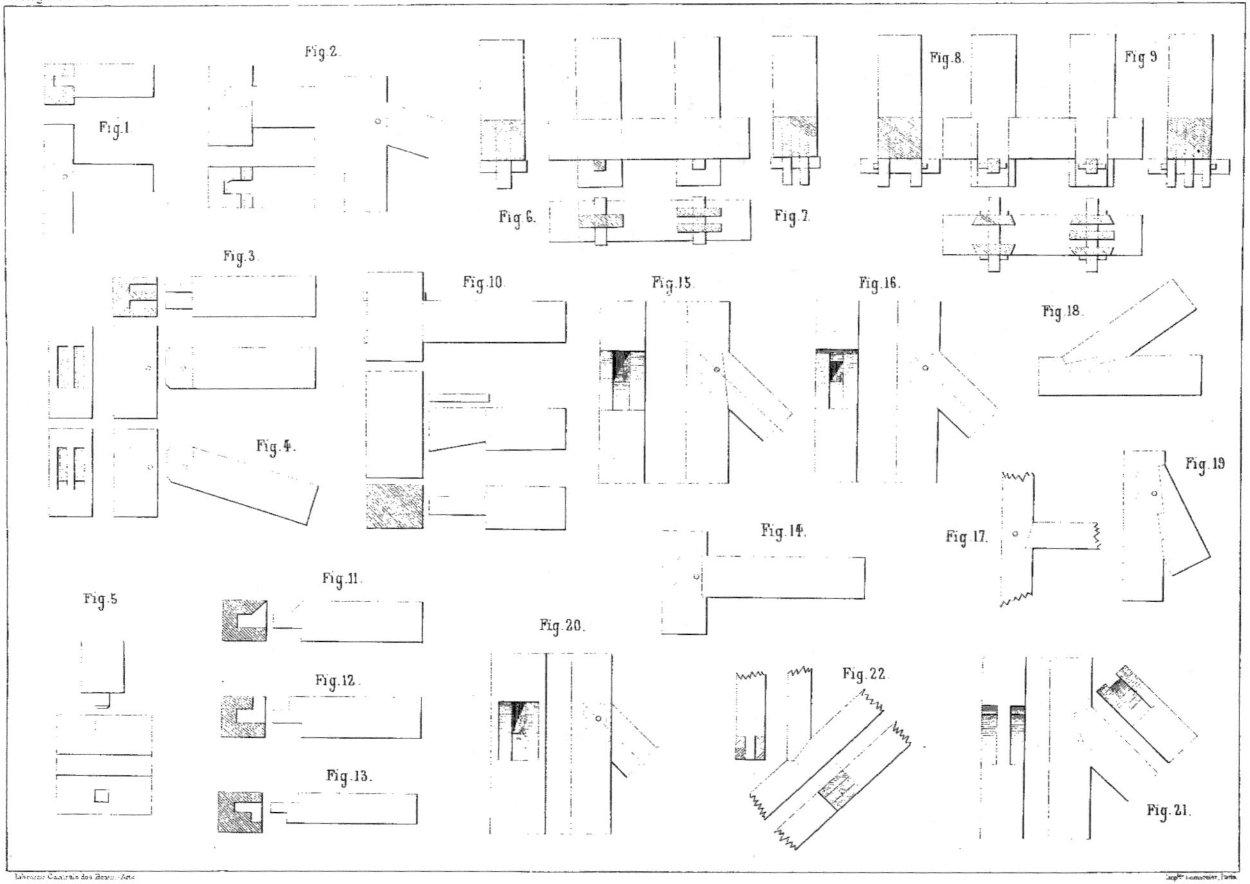
Fig. 1.
Fig. 2.
Fig. 3.
Fig. 4.
Fig. 5.
Fig. 6.
Fig. 7.
Fig. 8.
Fig. 9.
Fig. 10.
Fig. 11.
Fig. 12.
Fig. 13.
Fig. 14.
Fig. 15.
Fig. 16.
Fig. 17.
Fig. 18.
Fig. 19.
Fig. 20.
Fig. 21.
Fig. 22.

Librairie Centrale des Beaux-Arts

Impr. Lemercier, Paris.

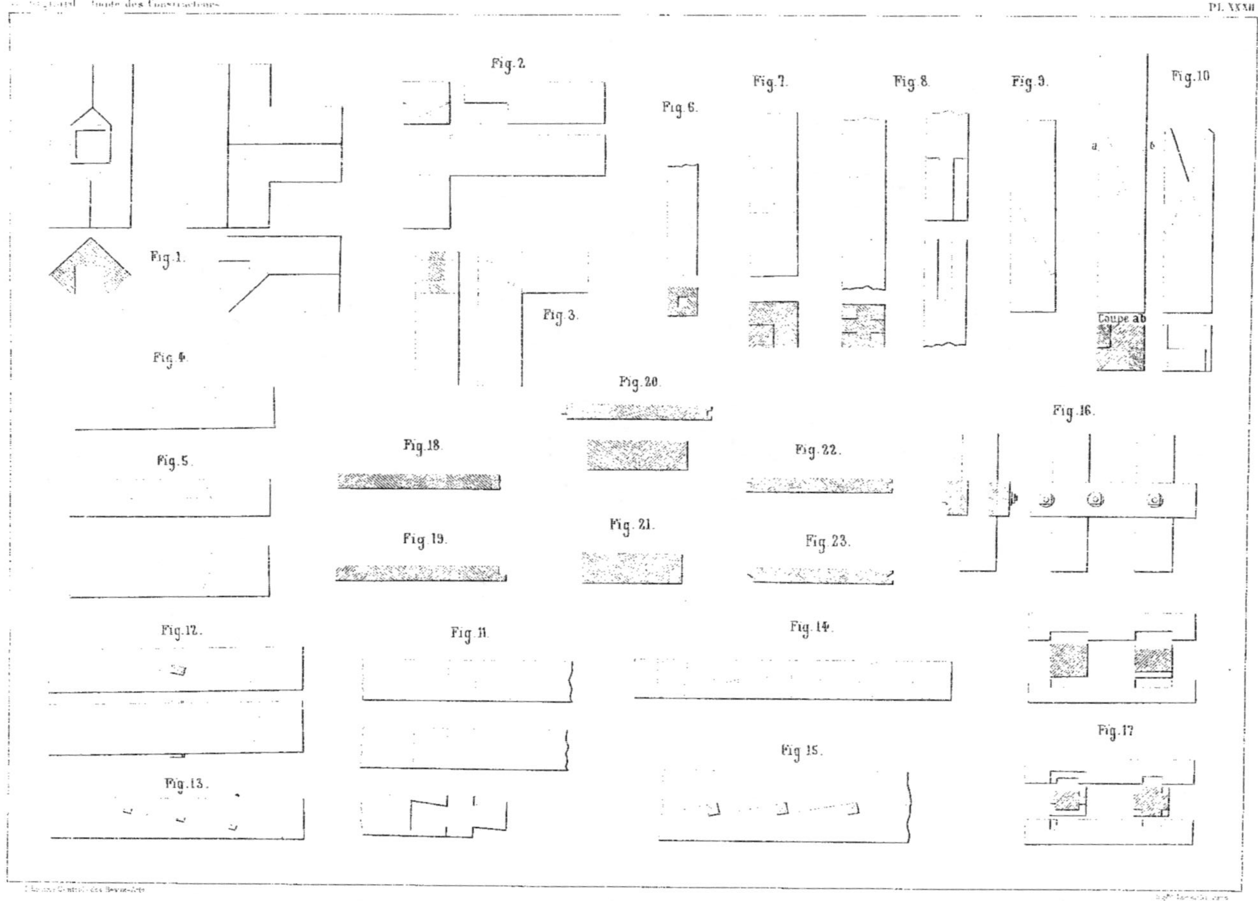

Fig.1.
Fig.2.
Fig.3.
Fig.4.
Fig.5.
Fig.6.
Fig.7.
Fig.8.
Fig.9.
Fig.10.
Coupe ab
a
b
Fig.11.
Fig.12.
Fig.13.
Fig.14.
Fig.15.
Fig.16.
Fig.17.
Fig.18.
Fig.19.
Fig.20.
Fig.21.
Fig.22.
Fig.23.

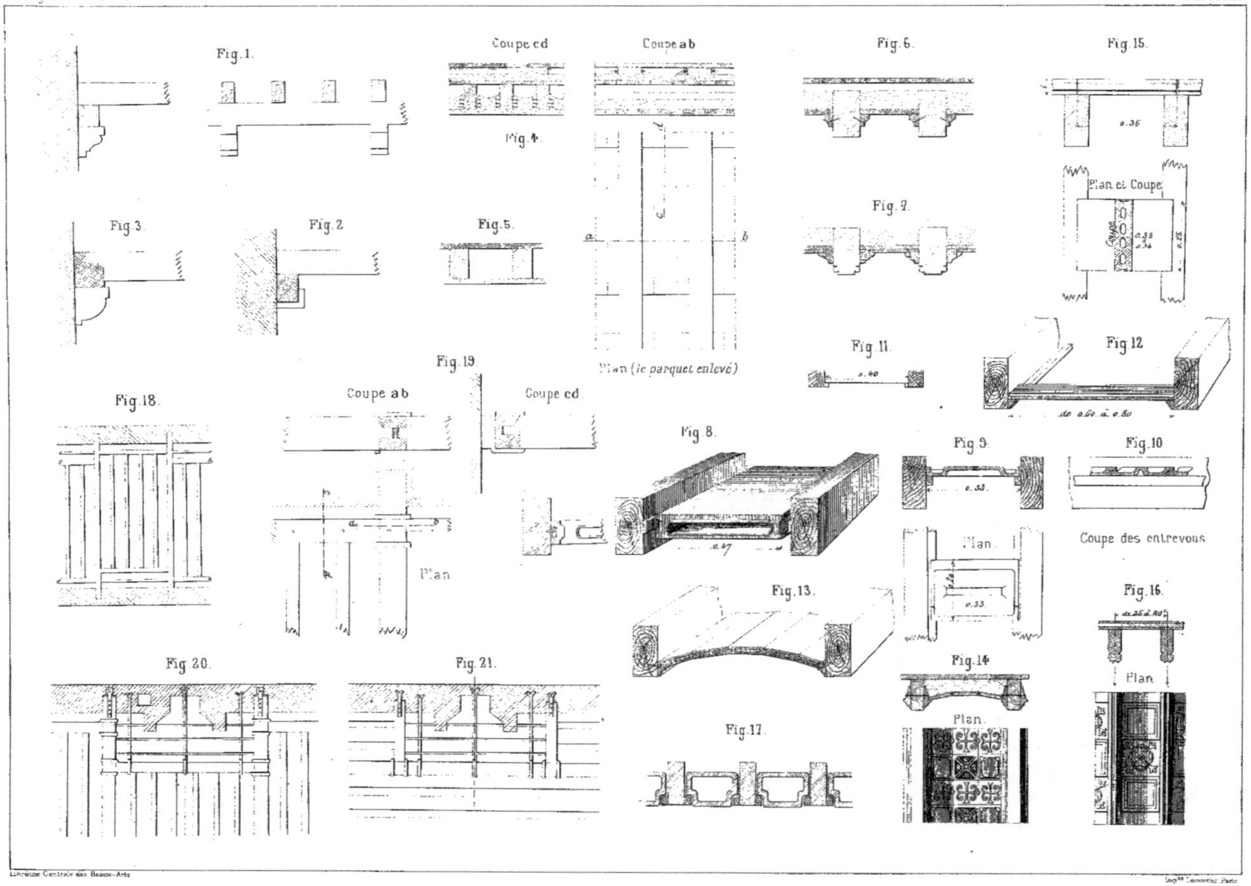

Fig. 1.

Fig. 3.

Fig. 2.

Coupe cd

Coupe ab

Fig. 4.

Fig. 5.

Plan (le parquet enlevé)

a

b

Fig. 6.

Fig. 7.

Fig. 11.

o. 40

Fig. 15.

o. 35

Plan et Coupe

o. 33
o. 14

Fig. 12.

de o. 60 à o. 80

Fig. 18.

Fig. 19.

Coupe ab

Coupe cd

Plan

Fig. 8.

o. 47

Fig. 9.

o. 33

Fig. 10.

Coupe des entrevous

Fig. 13.

Plan

o. 53

Fig. 16.

o. 25 à .40

Plan

Fig. 20.

Fig. 21.

Fig. 17.

Fig. 14.

Plan

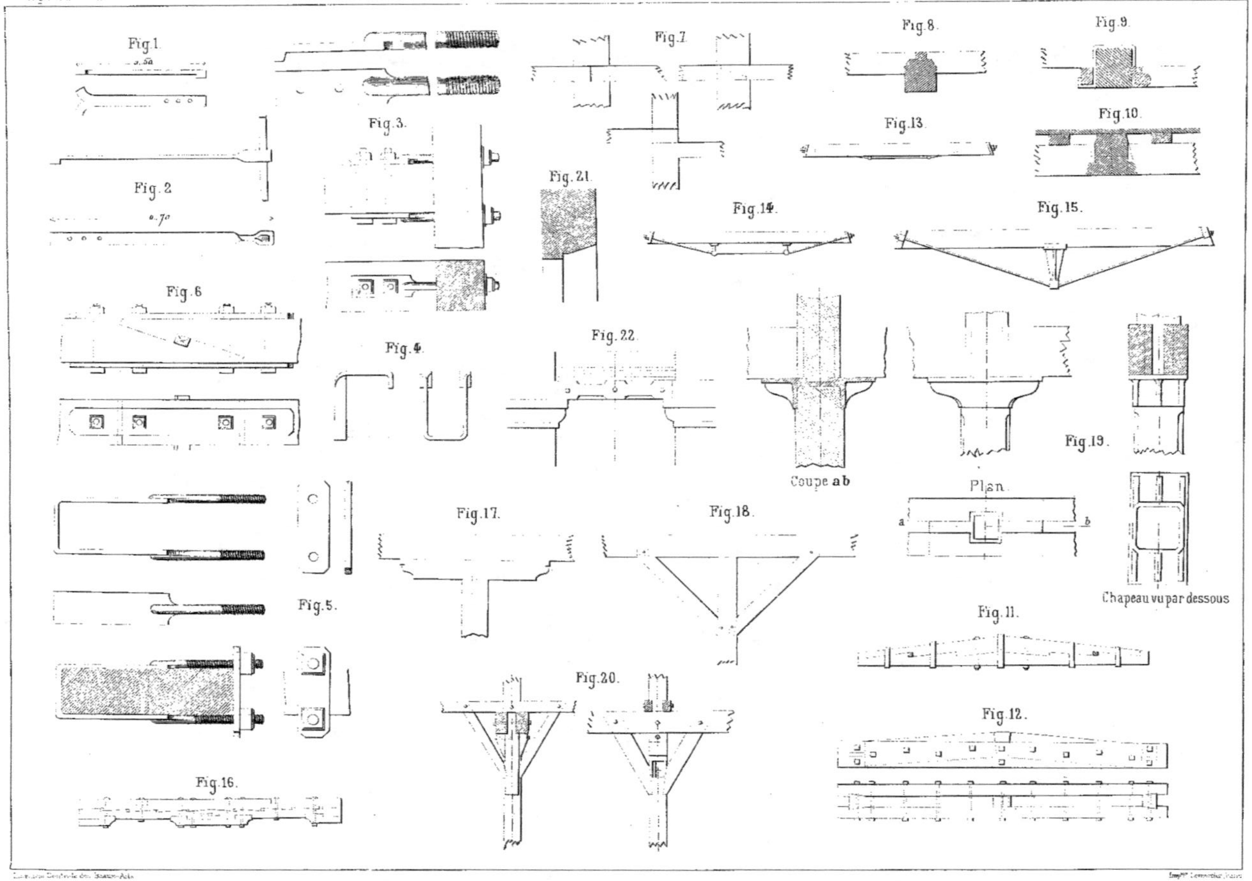
Fig. 1.
0.50
Fig. 2
0.70
Fig. 3.
Fig. 4.
Fig. 5.
Fig. 6
Fig. 7.
Fig. 8.
Fig. 9.
Fig. 10.
Fig. 11.
Fig. 12.
Fig. 13.
Fig. 14.
Fig. 15.
Fig. 16.
Fig. 17.
Fig. 18.
Fig. 19.
Fig. 20.
Fig. 21.
Fig. 22.
Coupe ab
Plan.
a
b
Chapeau vu par dessous

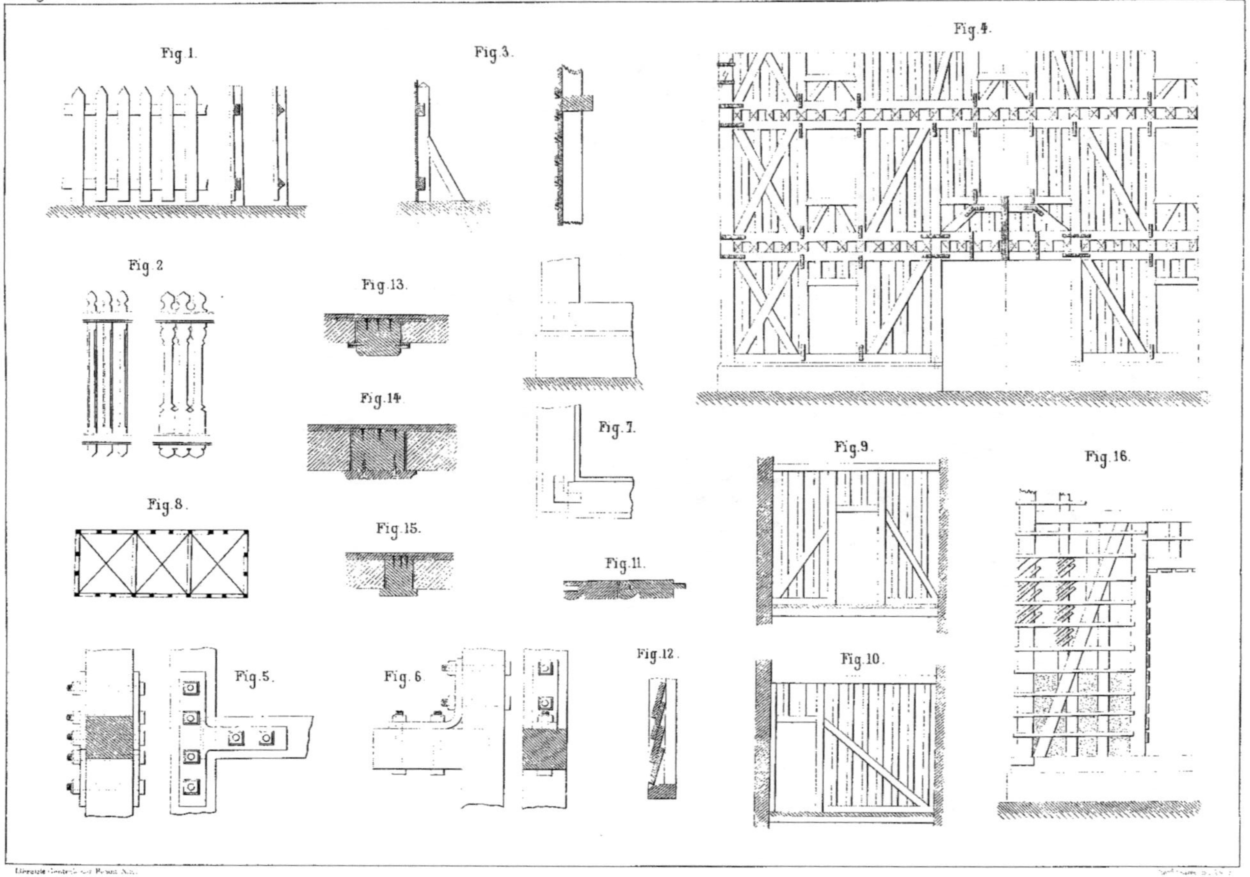

Fig.1.

Fig.2

Fig.3.

Fig.4.

Fig.5.

Fig.6.

Fig.7.

Fig.8.

Fig.9.

Fig.10.

Fig.11.

Fig.12.

Fig.13.

Fig.14.

Fig.15.

Fig.16.

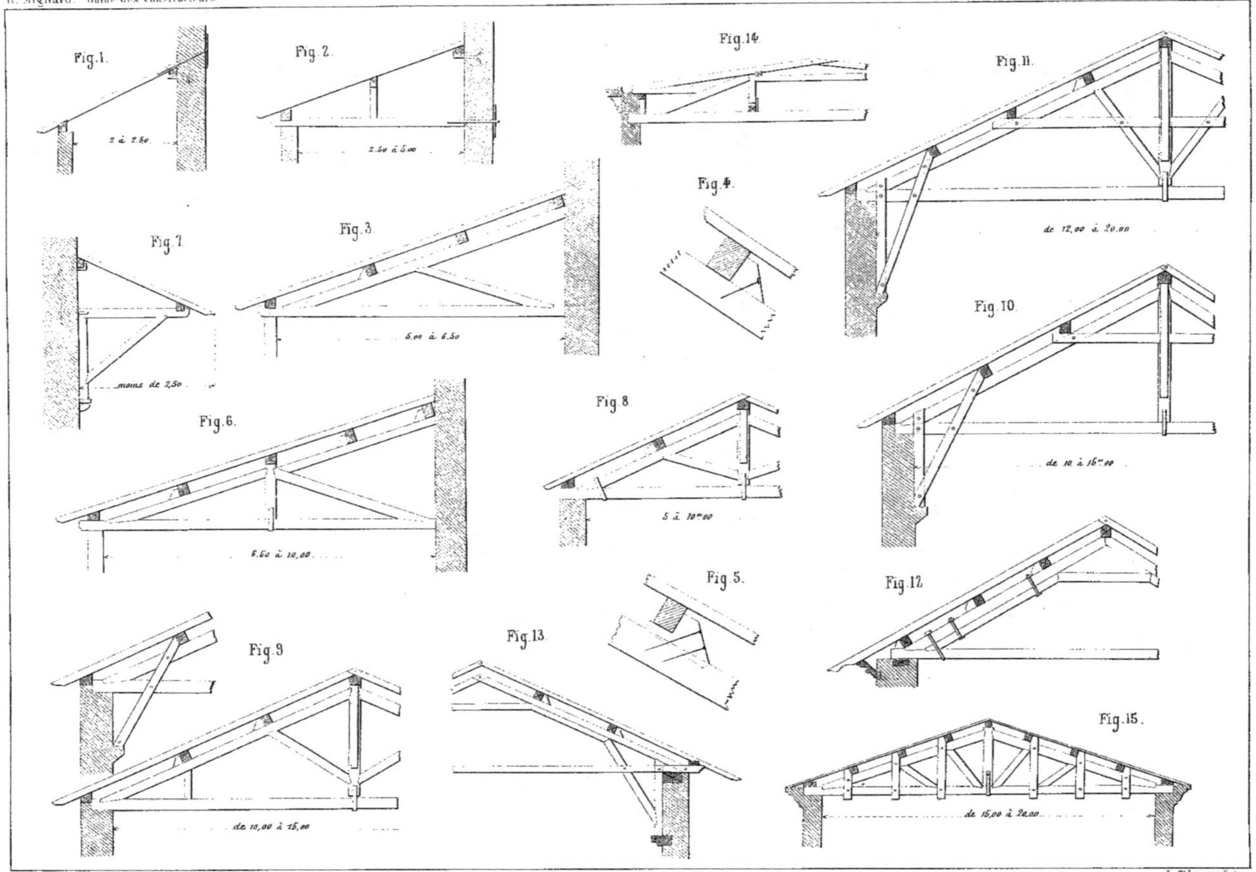

Fig. 1.

2 à 2,50.

Fig. 2.

2,50 à 5,00.

Fig. 14.

Fig. 11.

de 12,00 à 20,00

Fig. 4.

Fig. 7.

Fig. 3.

5,00 à 6,50

Fig. 10.

de 10 à 15ᵐ00

moins de 2,50

Fig. 6.

Fig. 8.

5 à 10ᵐ00

6,50 à 10,00

Fig. 5.

Fig. 12.

Fig. 9.

Fig. 13.

de 10,00 à 15,00

Fig. 15.

de 15,00 à 20,00

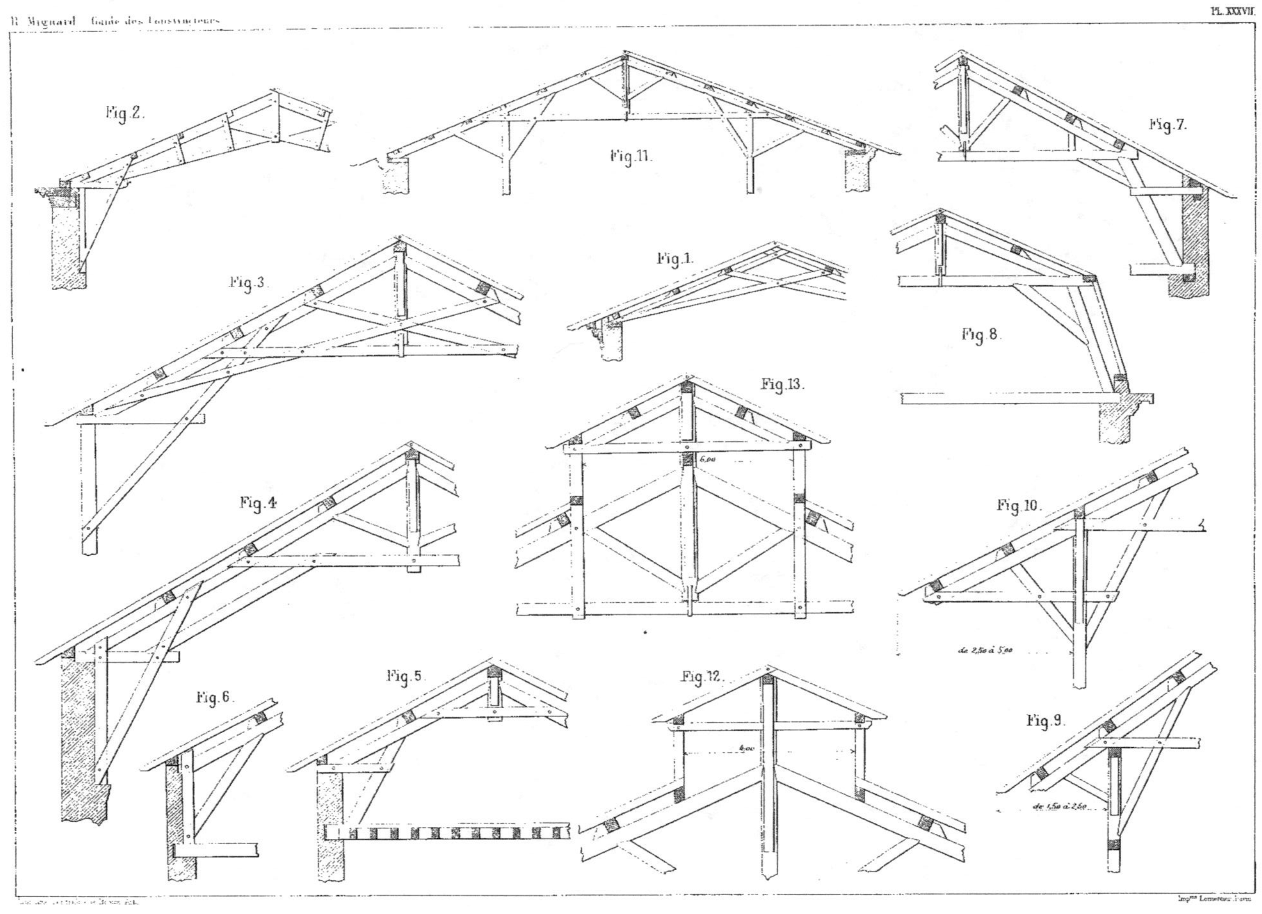
Fig. 2.
Fig. 11.
Fig. 7.
Fig. 3.
Fig. 1.
Fig. 8.
Fig. 13.
Fig. 4.
Fig. 10.
de 2,50 à 5,00
Fig. 6.
Fig. 5.
Fig. 12.
Fig. 9.
de 1,50 à 2,50

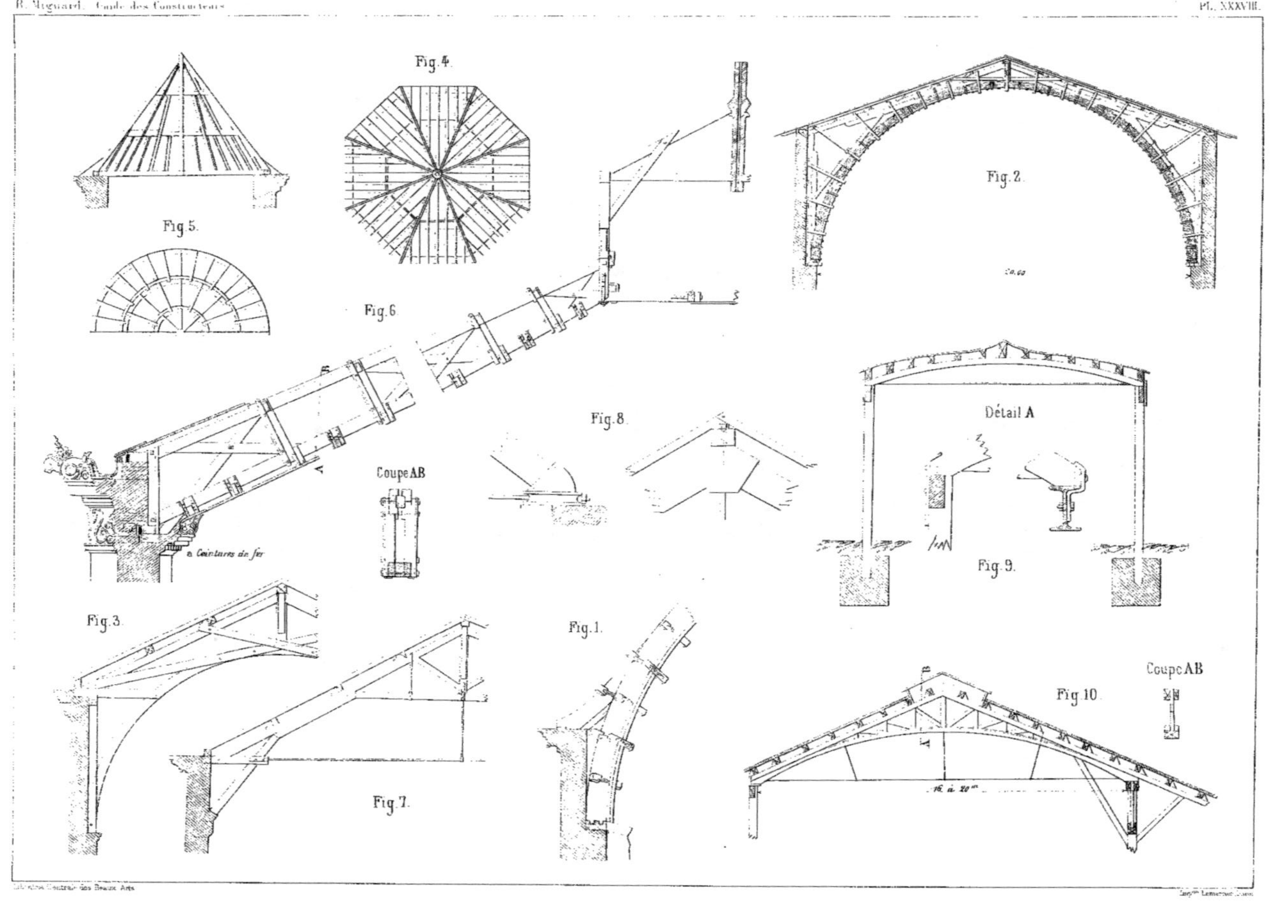

Fig. 4.
Fig. 5.
Fig. 6
Fig. 2.
Fig. 8.
Détail A
Coupe AB
Coupe AB
à Ceintures de fer
Fig. 9.
Fig. 3.
Fig. 1.
Fig. 7.
Fig 10
Coupe AB

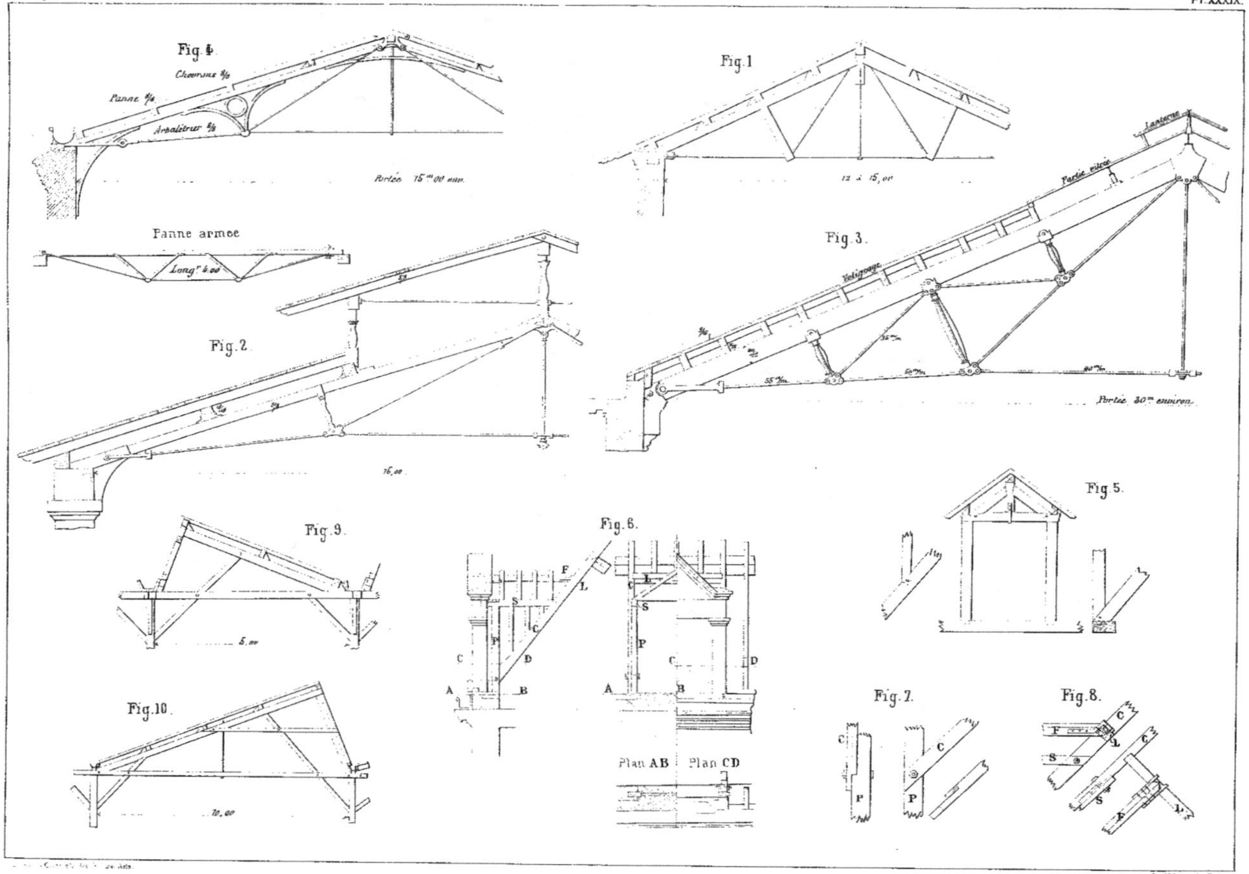

Fig. 4.

Chevrons 8/9

Panne 8/9

Arbalétrier 8/9

Portée 15m00 env.

Fig. 1.

12 à 15,00

Panne armée

Long.r 4.00

Fig. 2.

16,00

Fig. 3.

Lanterne

Partie vitrée

Voligeage

Portée 30m environ.

55 m/m

60 m/m

80 m/m

Fig. 9.

5,00

Fig. 6.

F L

C L

S

P

C   D

A   B

Plan AB   Plan CD

Fig. 5.

Fig. 10.

10,00

Fig. 7.

C

P

C

P

Fig. 8.

F   C

L   C

S

S   F

L

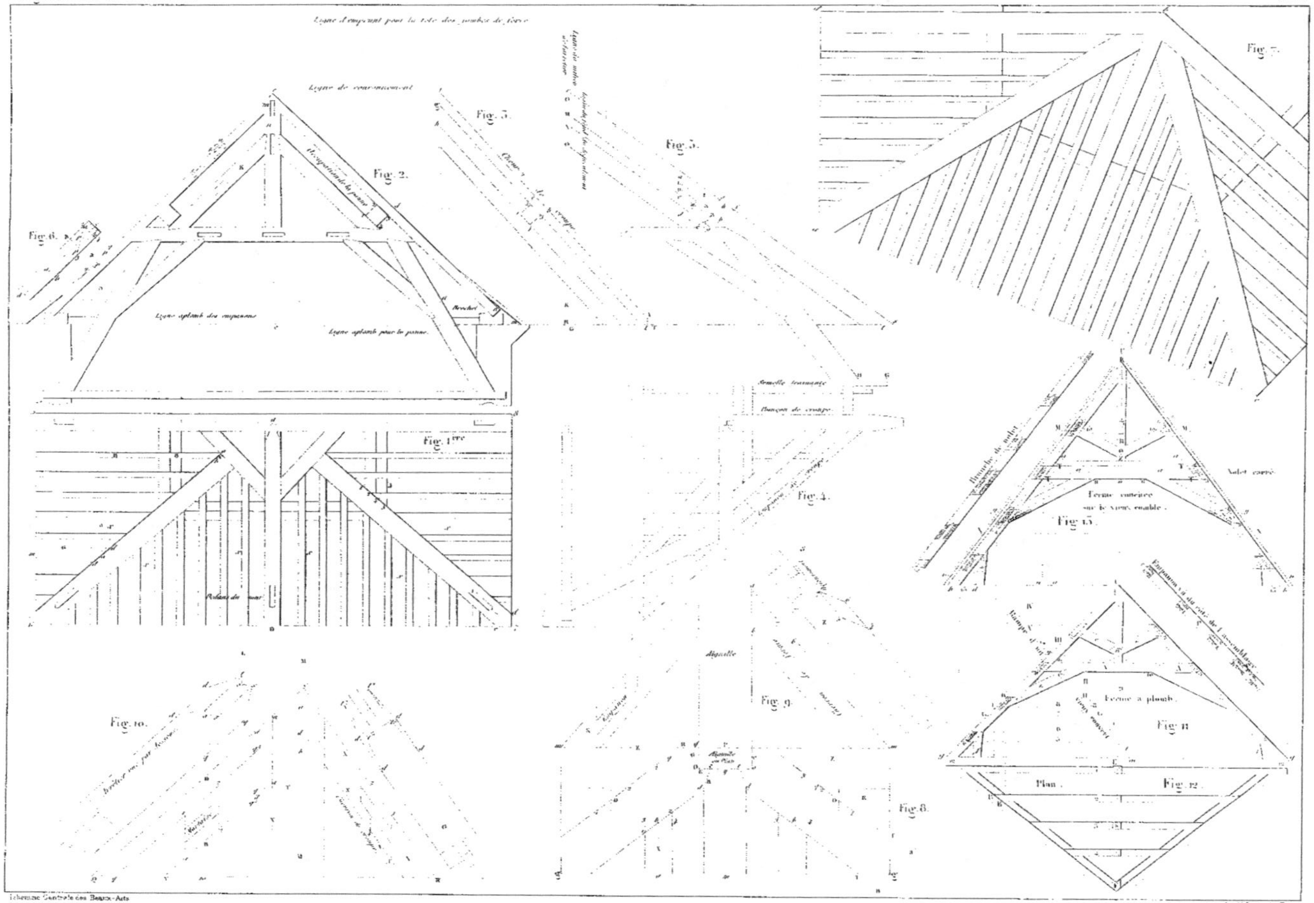

Ligne d'enrayure pour la tête des poutres de terce

Ligne de couronnement

Fig. 2.

Fig. 3.

Fig. 5.

Fig. 7.

Fig. 6.

développement de la panne

Ligne aplomb des empanons

Ligne aplomb pour la panne

Bracket

Fig. 1re

Semelle tournante

tronçon de croupe

Fig. 4.

Planche de noulet

Noulet carré

Ferme contenue sur le vieux comble

Fig. 13.

Poinçon du mur

Aiguille

Fig. 9.

Fig. 10.

Aiguille en plan

Fig. 8.

Enrayure à dix côtés de l'assemblage

Rampe d'arêtier

Ferme à plomb

Fig. 11.

Plan

Fig. 12.

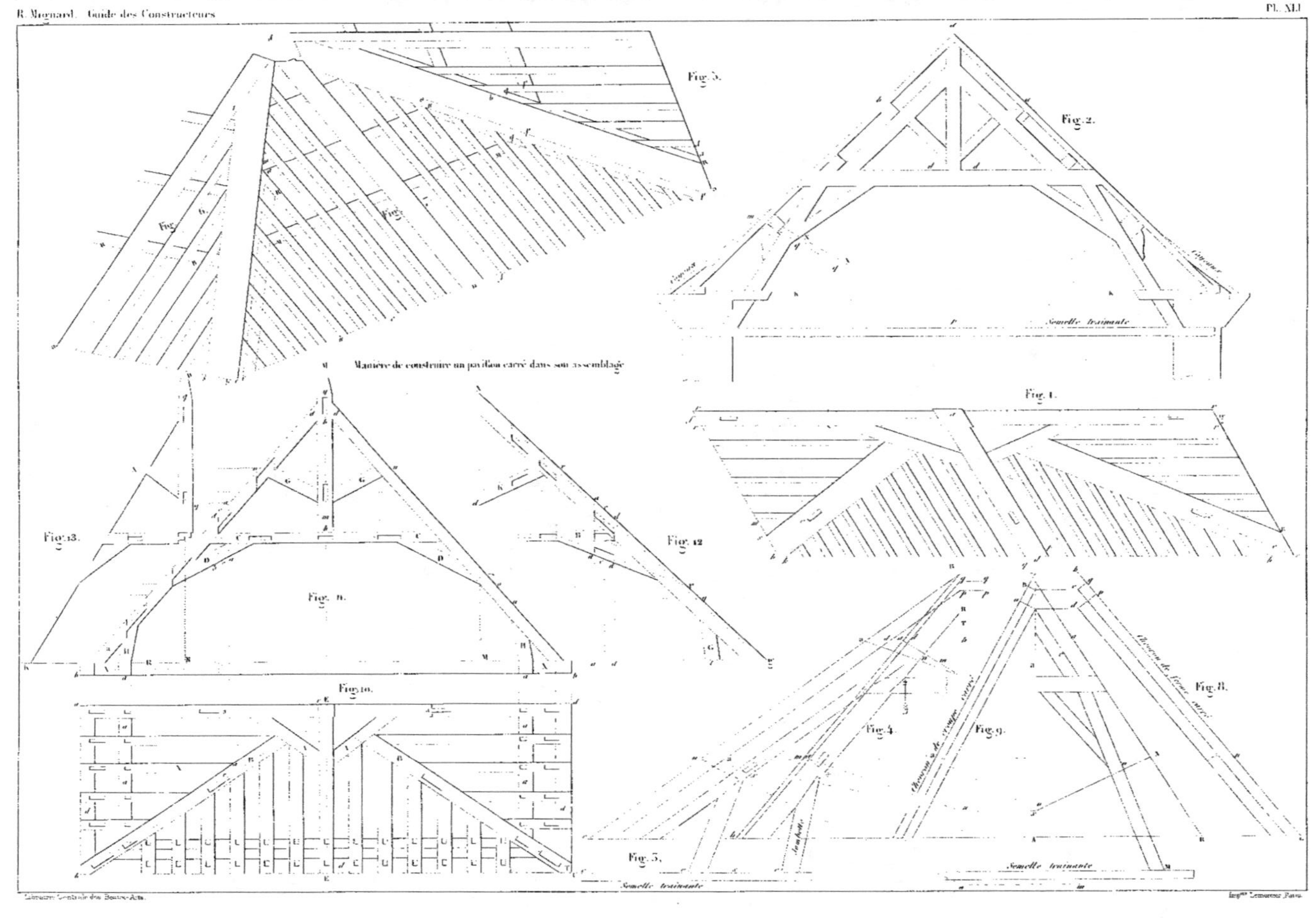
Fig. 5.
Fig. 2.
Semelle traînante
Manière de construire un pavillon carré dans son assemblage
Fig. 1.
Fig. 13.
Fig. 12
Fig. 11.
Fig. 10.
Fig. 4.
Fig. 9.
Fig. 8.
Fig. 5.
Semelle traînante
Semelle traînante

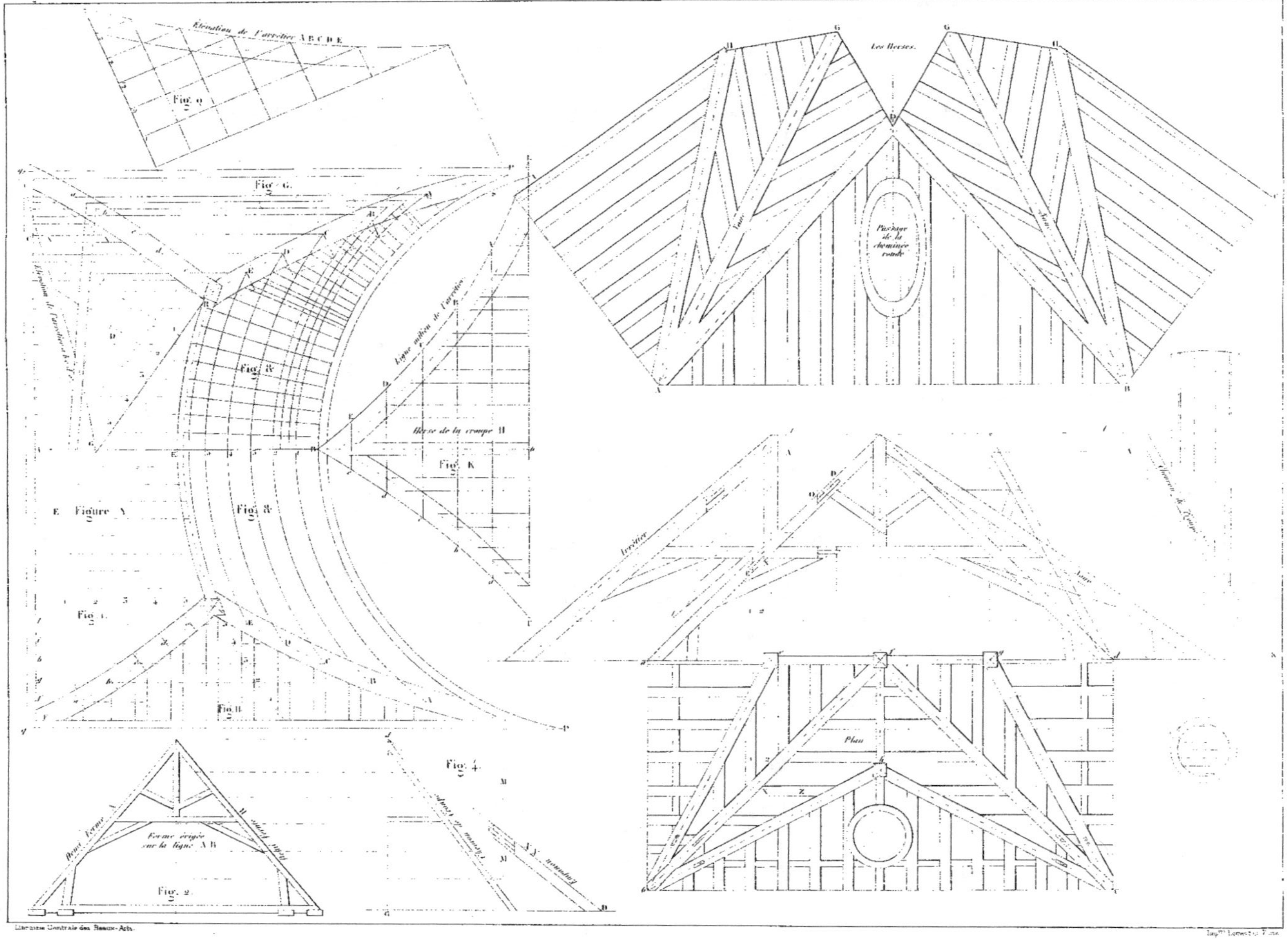
Élévation de l'arrêtier A B C D E
Fig. 9.
Fig. 6.
Fig. 8.
Figure 1.
Fig. 8.
Fig. 1.
Fig. 11.
Ligne milieu de l'arrêtier
Herse de la croupe H
Fig. K
Les Herses.
Passage de la cheminée ronde
Arêtier
Plan
Fig. 4.
Ferme érigée sur la ligne A B
Fig. 2.
Empanon
Chevron de Croupe

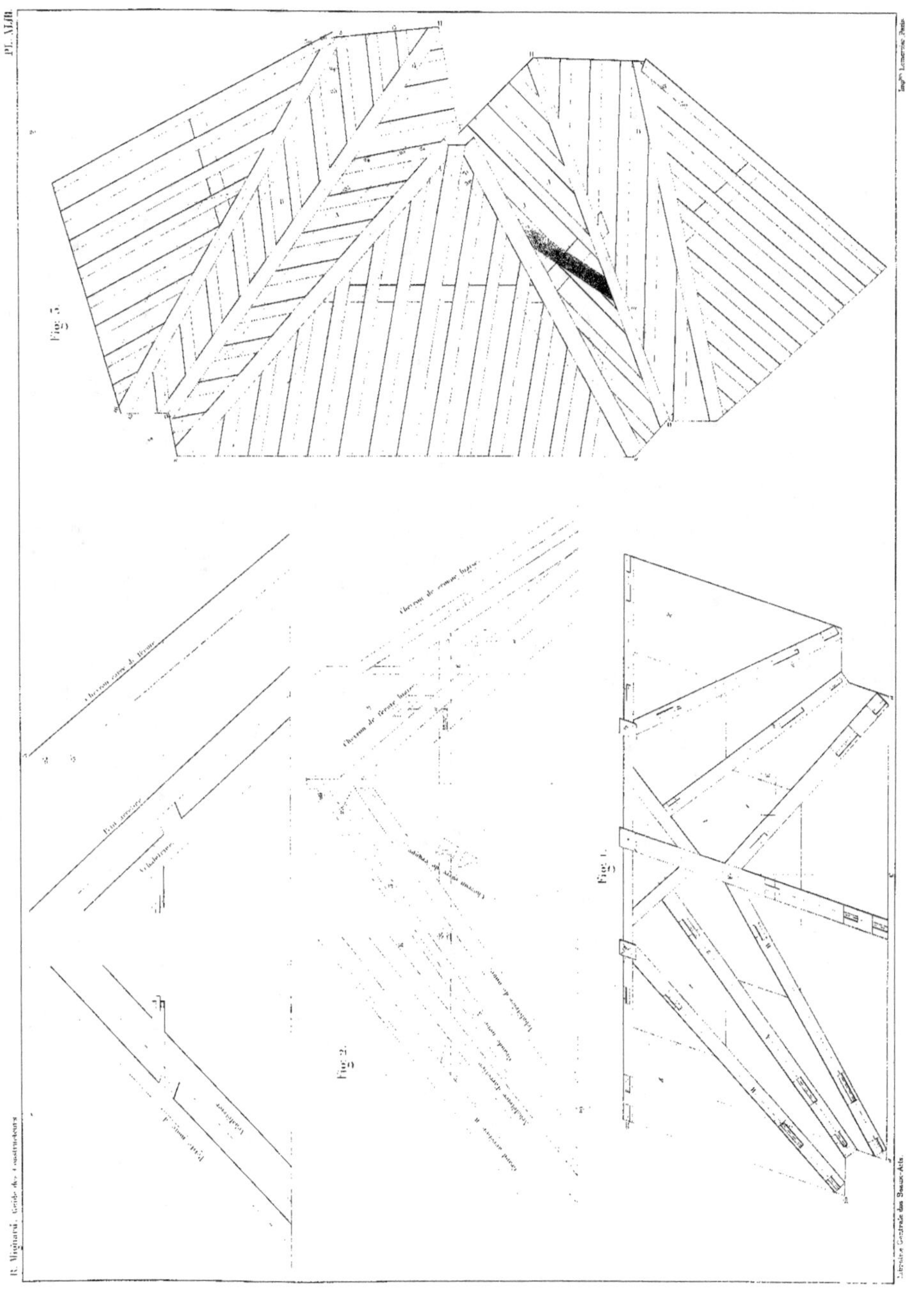

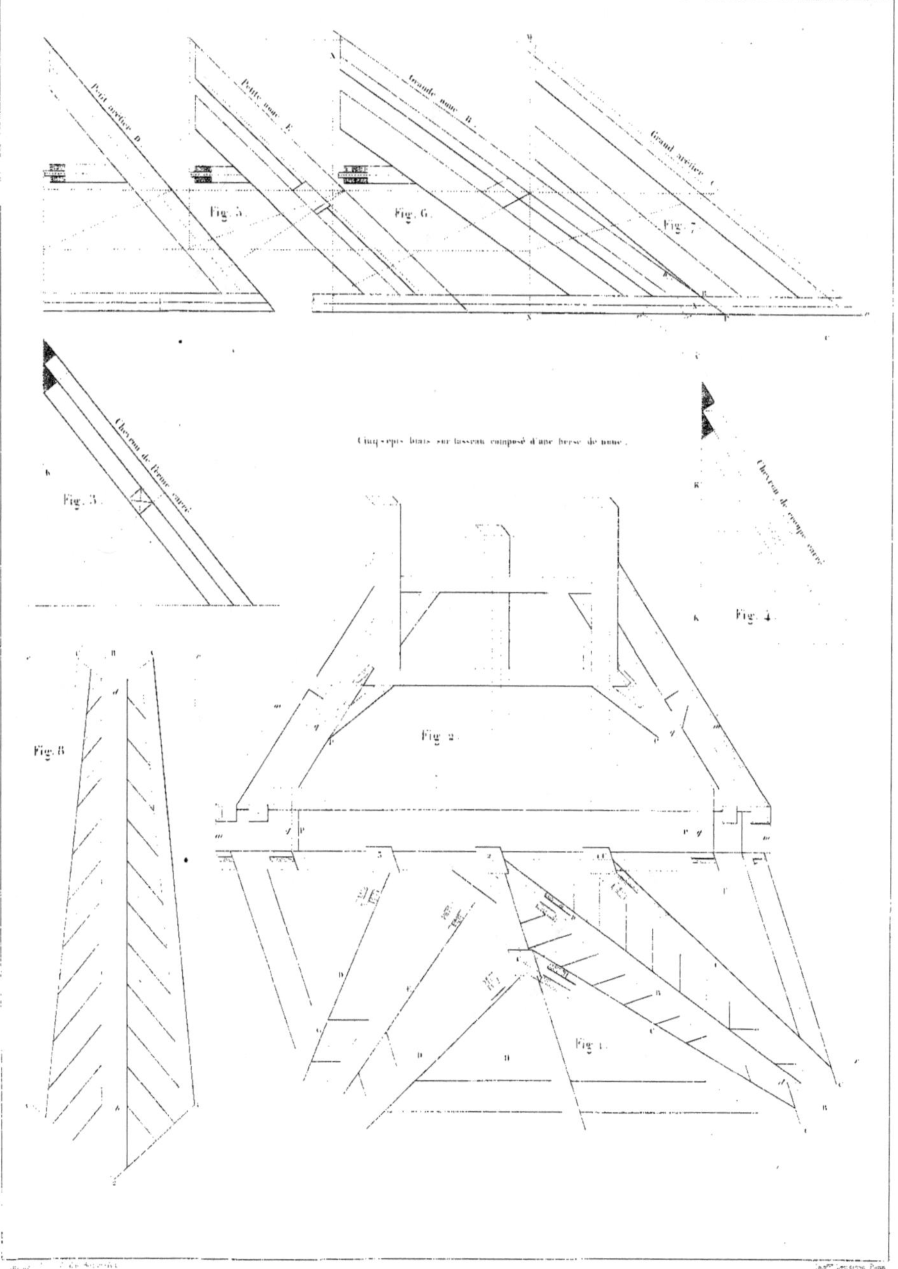
Petit noulier D
Petite noue E
Grande noue B
Grand noulier C
Fig. 5.
Fig. 6.
Fig. 7.
Chevron de Ferme carré
Chevron de croupe carré
Fig. 3.
Fig. 4.
Cinq-épis biais sur tasseau composé d'une herse de noue.
Fig. 2.
Fig. 8.
Fig. 1.

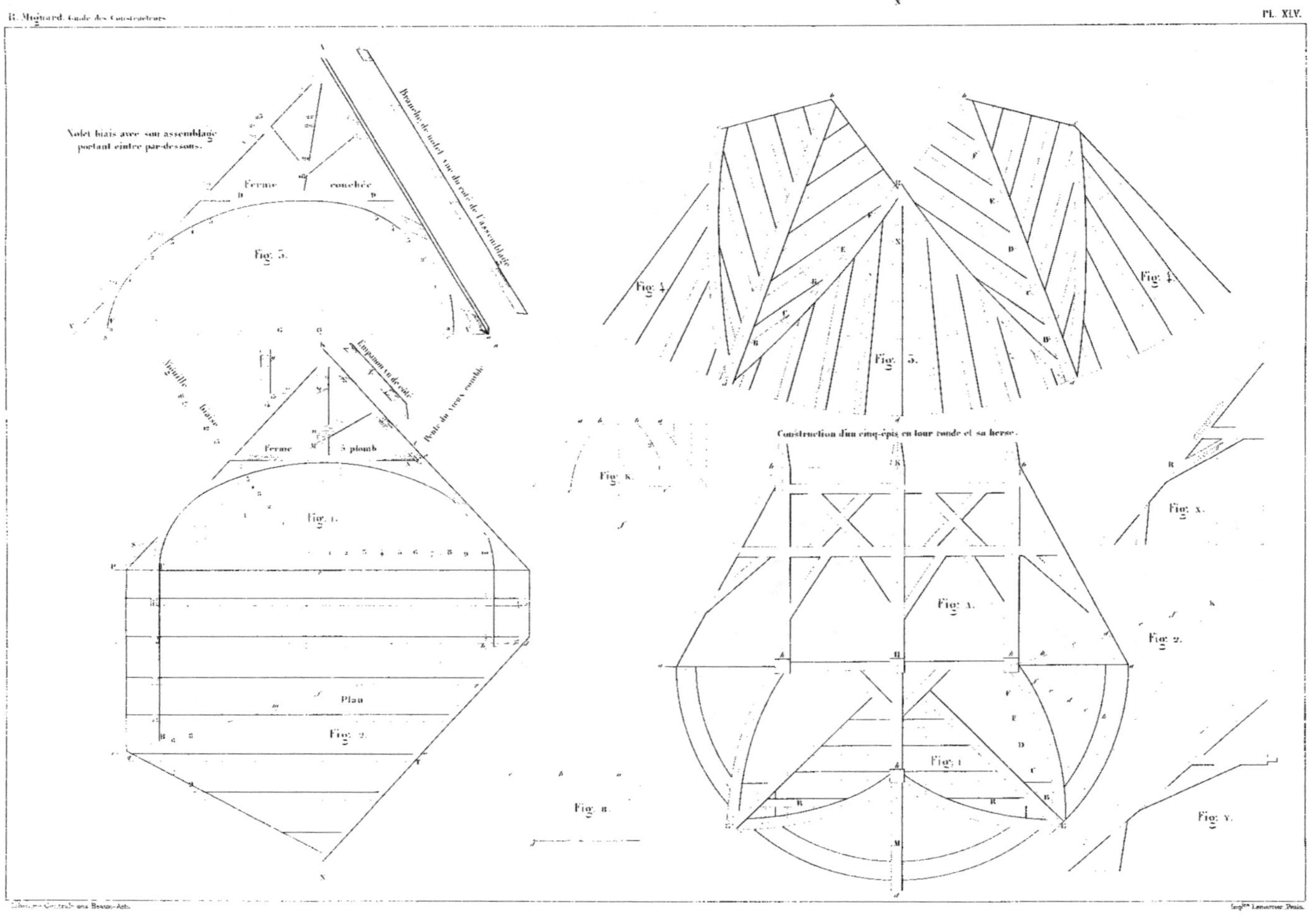

Noulet biais avec son assemblage portant cintre par-dessous.
Branche de noulet vue du côté de l'assemblage.
Ferme couchée
Fig. 3.
Aiguille biaise
Empanon vu de côté
Pente du vieux comble
Ferme à plomb
Fig. 1.
Plan
Fig. 2.
Fig. 4.
Fig. 4.
Fig. 5.
Construction d'un cinq-épis en tour ronde et sa herse.
Fig. 3.
Fig. 1.
Fig. 1.
Fig. 2.
Fig. x.
Fig. x.
Fig. y.
Fig. n.

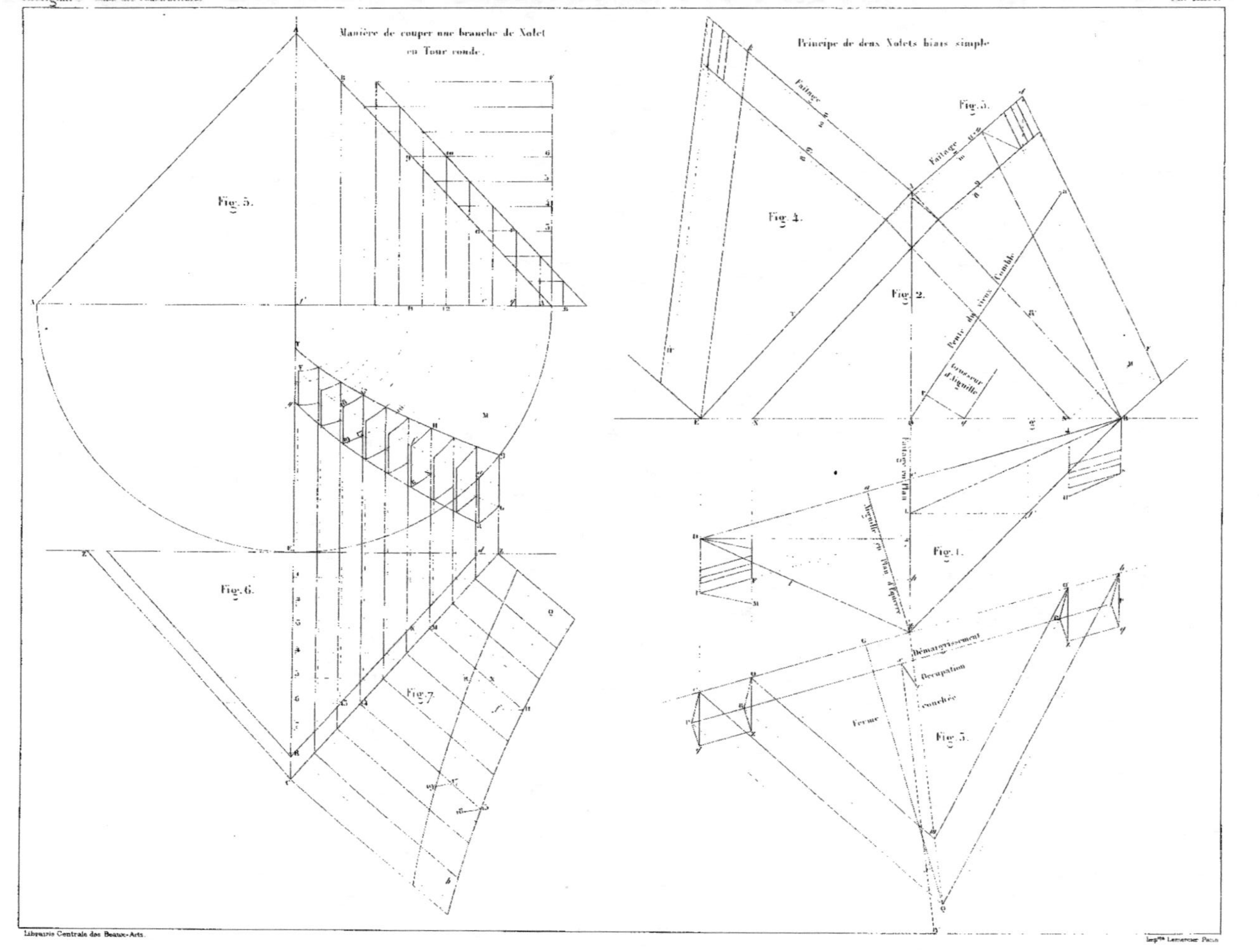

Manière de couper une branche de Nolet en Tour ronde.
Principe de deux Nolets biais simple
Fig. 5.
Fig. 6.
Fig. 7.
Fig. 4.
Fig. 2.
Fig. 3.
Fig. 1.
Faîtage
Faîtage
Faîtage en Plan
Aiguille en Plan d'Équerre
Pente des vues d'ensemble
Grosseur d'Aiguille
Amaigrissement
Occupation
Couchée
Ferme

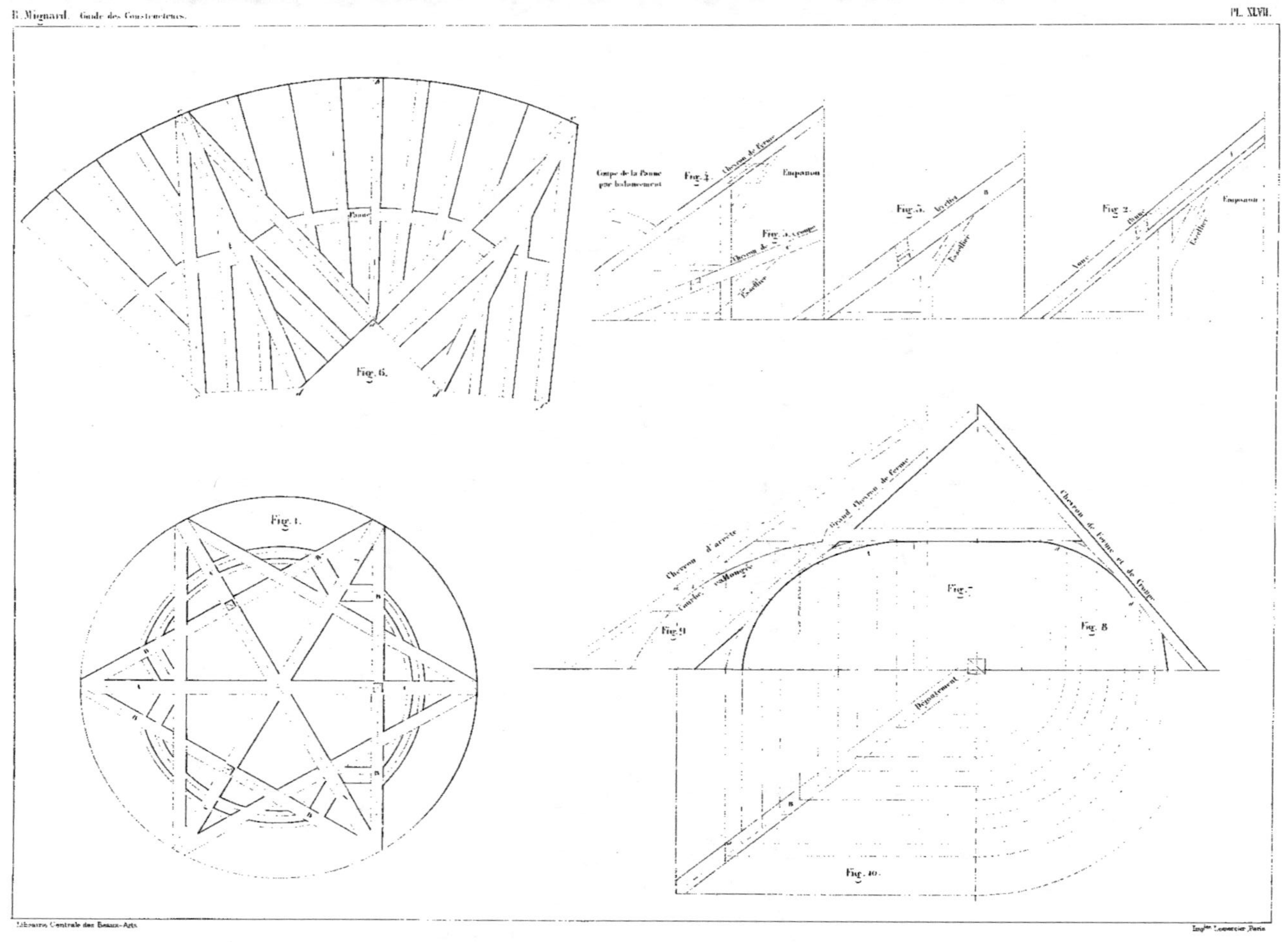

Fig. 6.
Coupe de la Panne par balancement
Fig. 4.
Chevron de Ferme
Empanon
Fig. 3. croupe
Chevron de
Faitière
Fig. 5.
Arêtier
Faitière
Fig. 2.
Panne
Faitière
Empanon
Fig. 1.
Chevron d'arête
Grand Chevron de Ferme
Chevron de Ferme et de Croupe
Courbe
Moyeu
Fig. 9.
Fig. 7.
Fig. 8.
Déboîtement
Fig. 10.

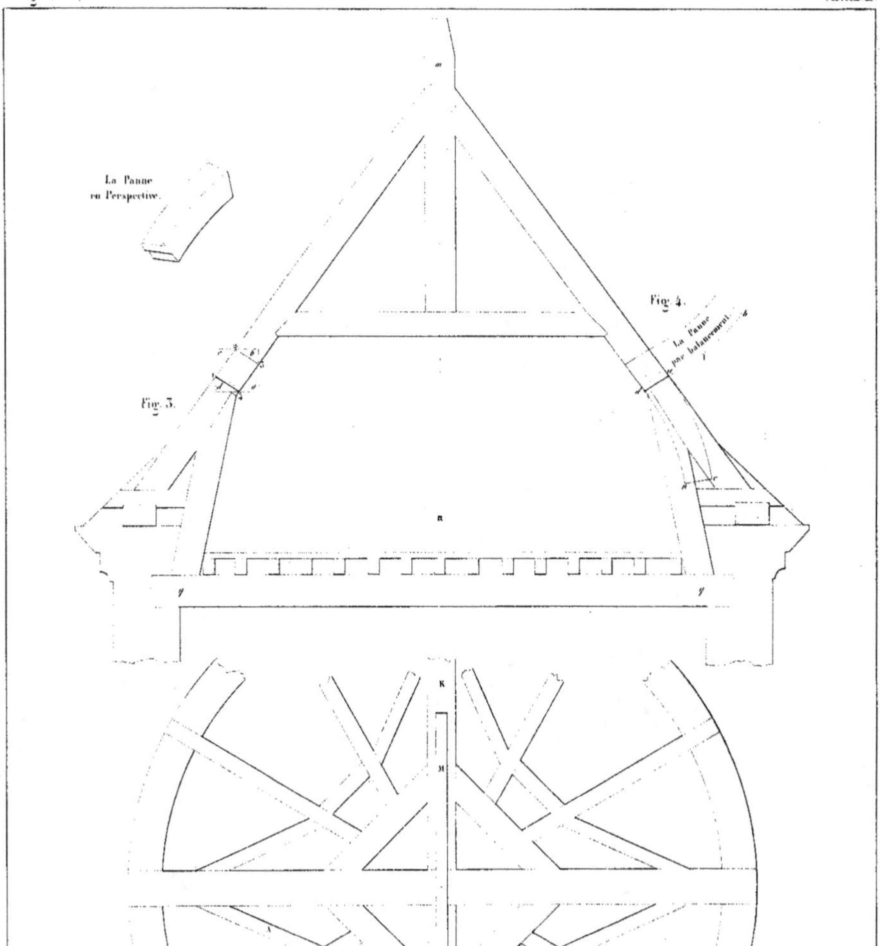

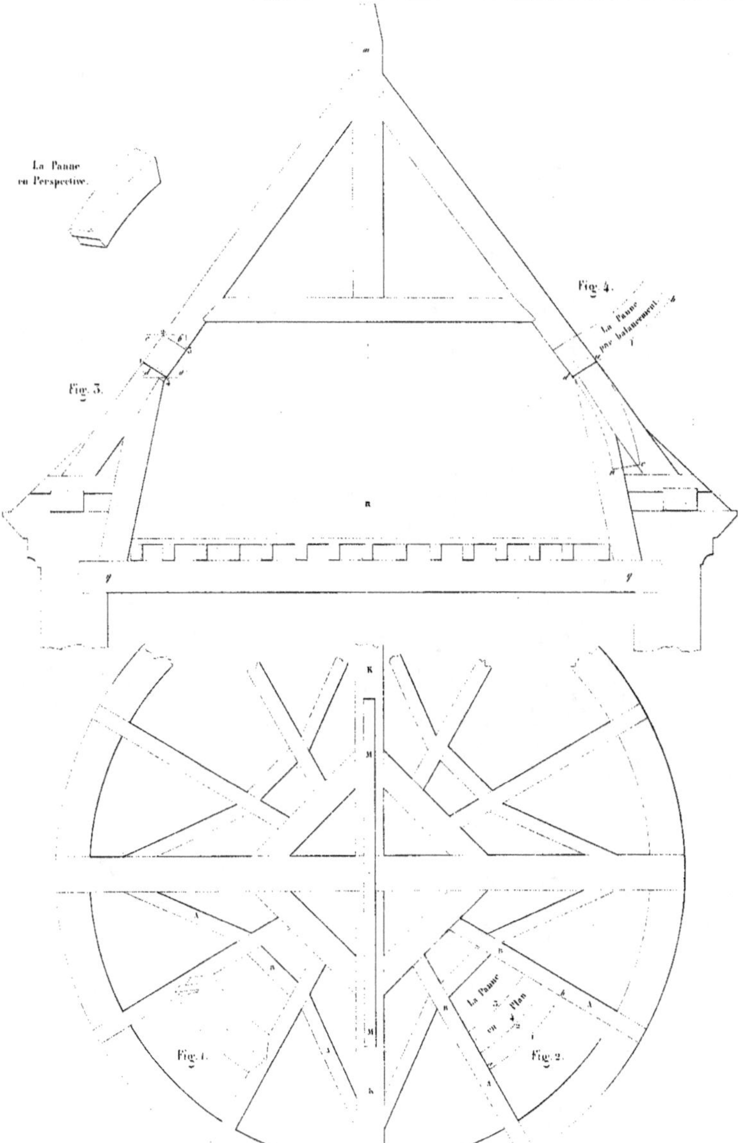

La Panne
en Perspective.
Fig. 4.
La Panne
par balancement.
Fig. 3.
La Panne
en Plan.
Fig. 1.
Fig. 2.

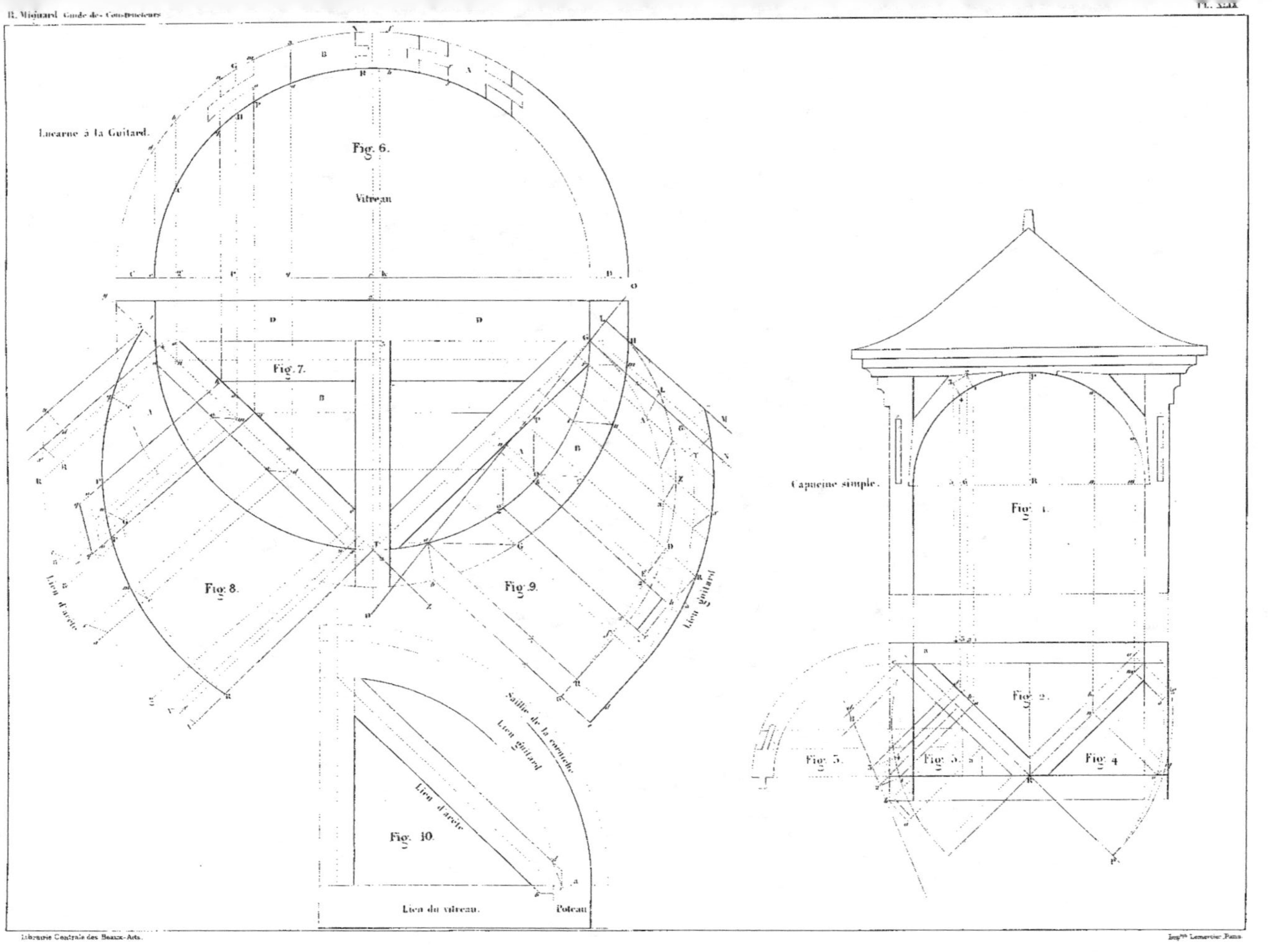

Lucarne à la Guitard.
Fig. 6.
Vitreau
Fig. 7.
Fig. 8.
Fig. 9.
Lien guitard
Saillie de la corniche.
Lien guitard
Lien d'arête
Fig. 10.
Lien du vitreau.
Poteau
Lien d'arête
Capucine simple.
Fig. 1.
Fig. 2.
Fig. 5.
Fig. 3.
Fig. 4.

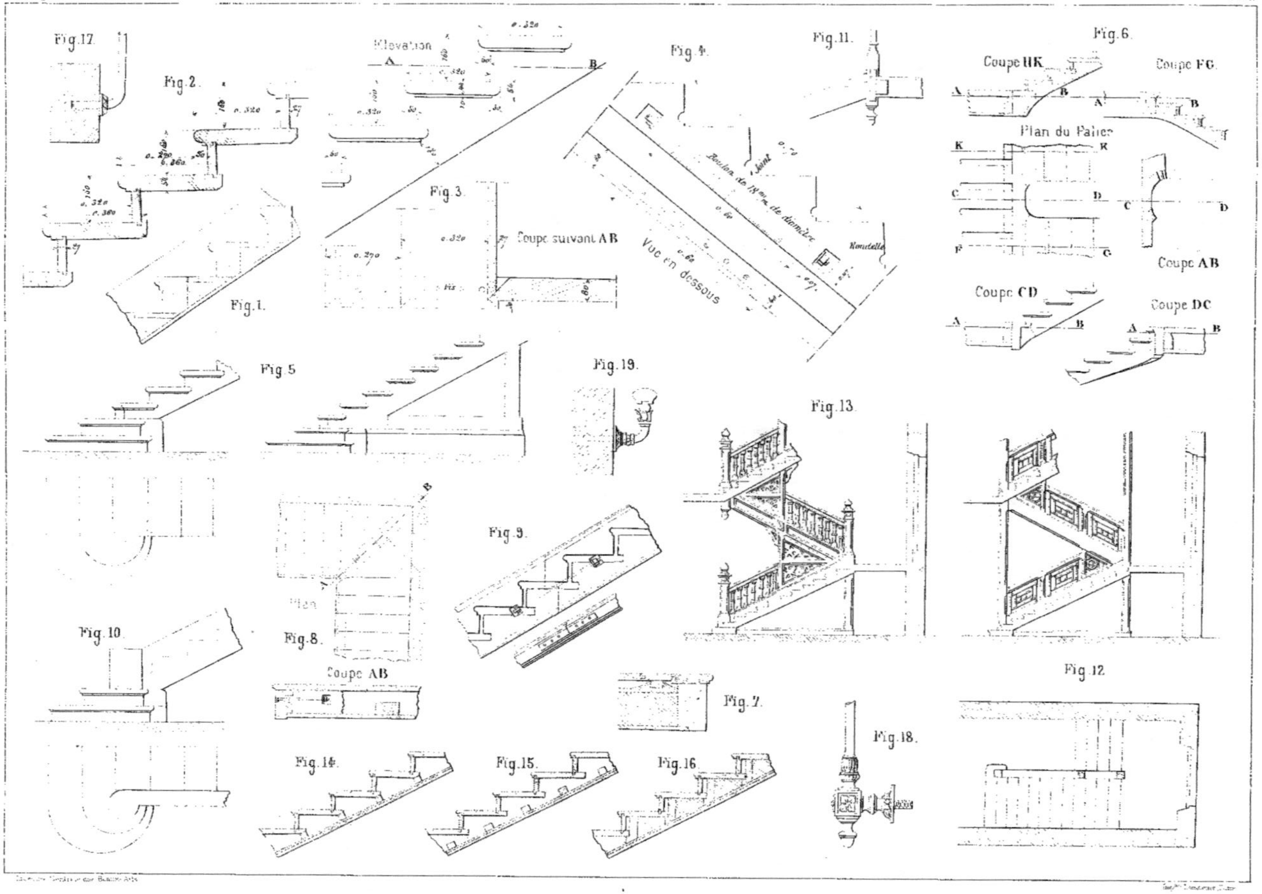

Fig.17.

Fig.2.

Fig.1.

Fig.3.

Élévation

Coupe suivant AB

Fig.4.

Boulon de 18^{mm} de diamètre

Vue en dessous

Rondelle

Fig.11.

Fig.6.

Coupe HK

Coupe FG.

Plan du Palier

Coupe AB

Coupe CD

Coupe DC

Fig.5.

Fig.19.

Fig.13.

Fig.9.

Fig.10.

Fig.8.

Coupe AB

Fig.7.

Fig.14.

Fig.15.

Fig.16.

Fig.18.

Fig.12.

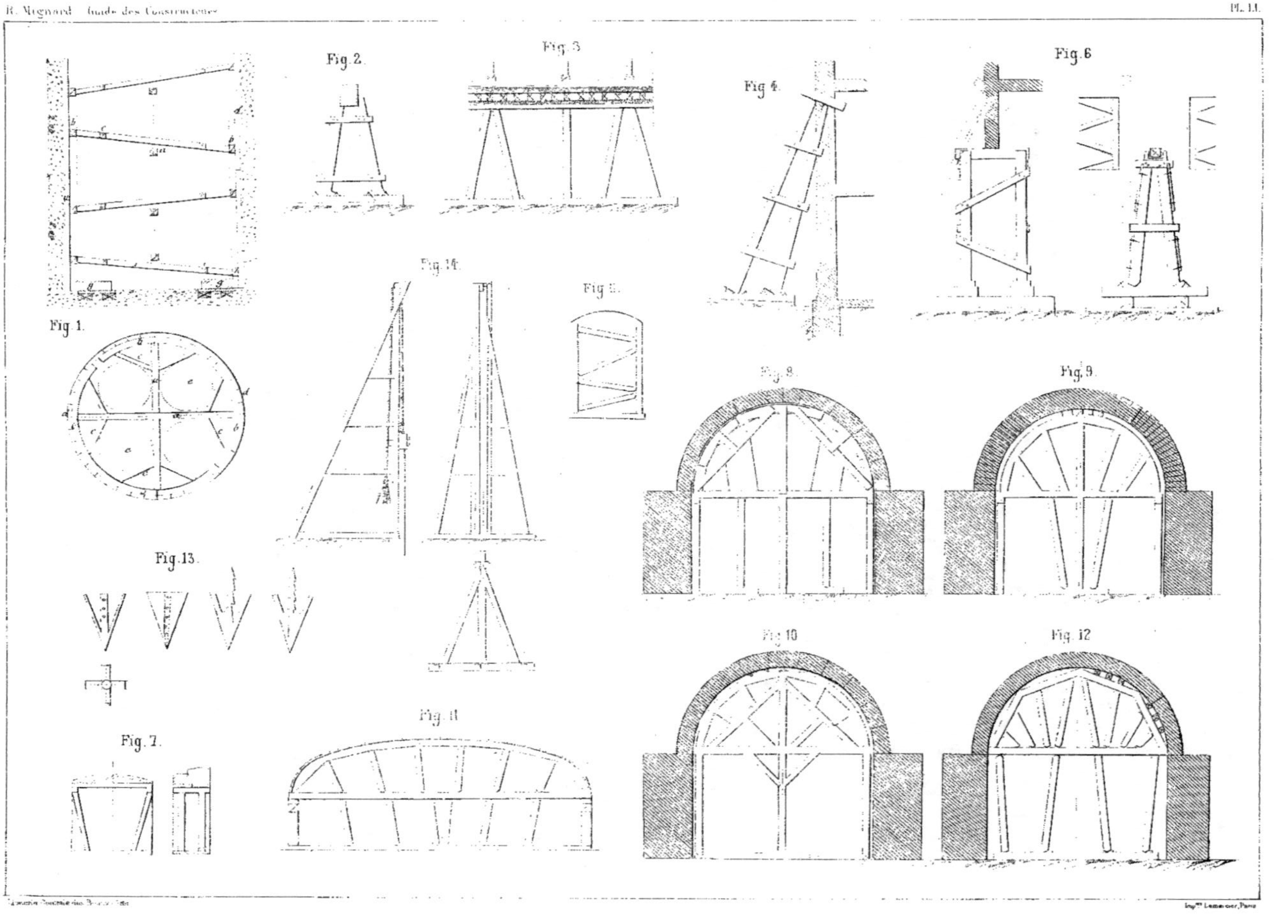
Fig. 1
Fig. 2
Fig. 3
Fig. 4
Fig. 5
Fig. 6
Fig. 7
Fig. 8
Fig. 9
Fig. 10
Fig. 11
Fig. 12
Fig. 13
Fig. 14

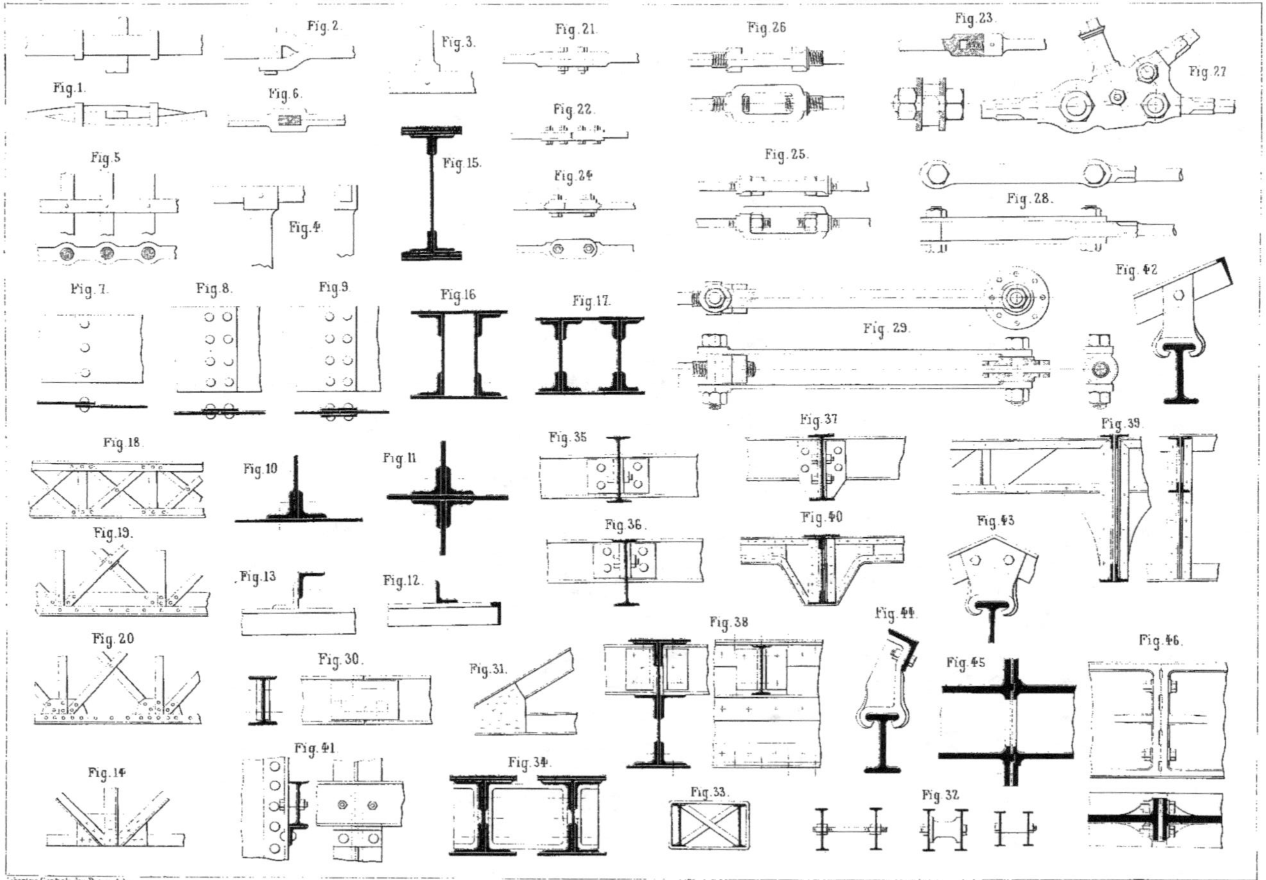
Fig. 1.
Fig. 2.
Fig. 3.
Fig. 4.
Fig. 5
Fig. 6.
Fig. 7.
Fig. 8.
Fig. 9.
Fig. 10
Fig. 11
Fig. 12.
Fig. 13
Fig. 14
Fig. 15.
Fig. 16
Fig. 17.
Fig. 18.
Fig. 19.
Fig. 20
Fig. 21.
Fig. 22.
Fig. 23.
Fig. 24
Fig. 25.
Fig. 26
Fig. 27
Fig. 28.
Fig. 29.
Fig. 30.
Fig. 31.
Fig. 32
Fig. 33.
Fig. 34.
Fig. 35
Fig. 36.
Fig. 37
Fig. 38
Fig. 39.
Fig. 40
Fig. 41
Fig. 42
Fig. 43
Fig. 44
Fig. 45
Fig. 46.

Librairie Centrale des Beaux-Arts
Impr. Lemercier, Paris

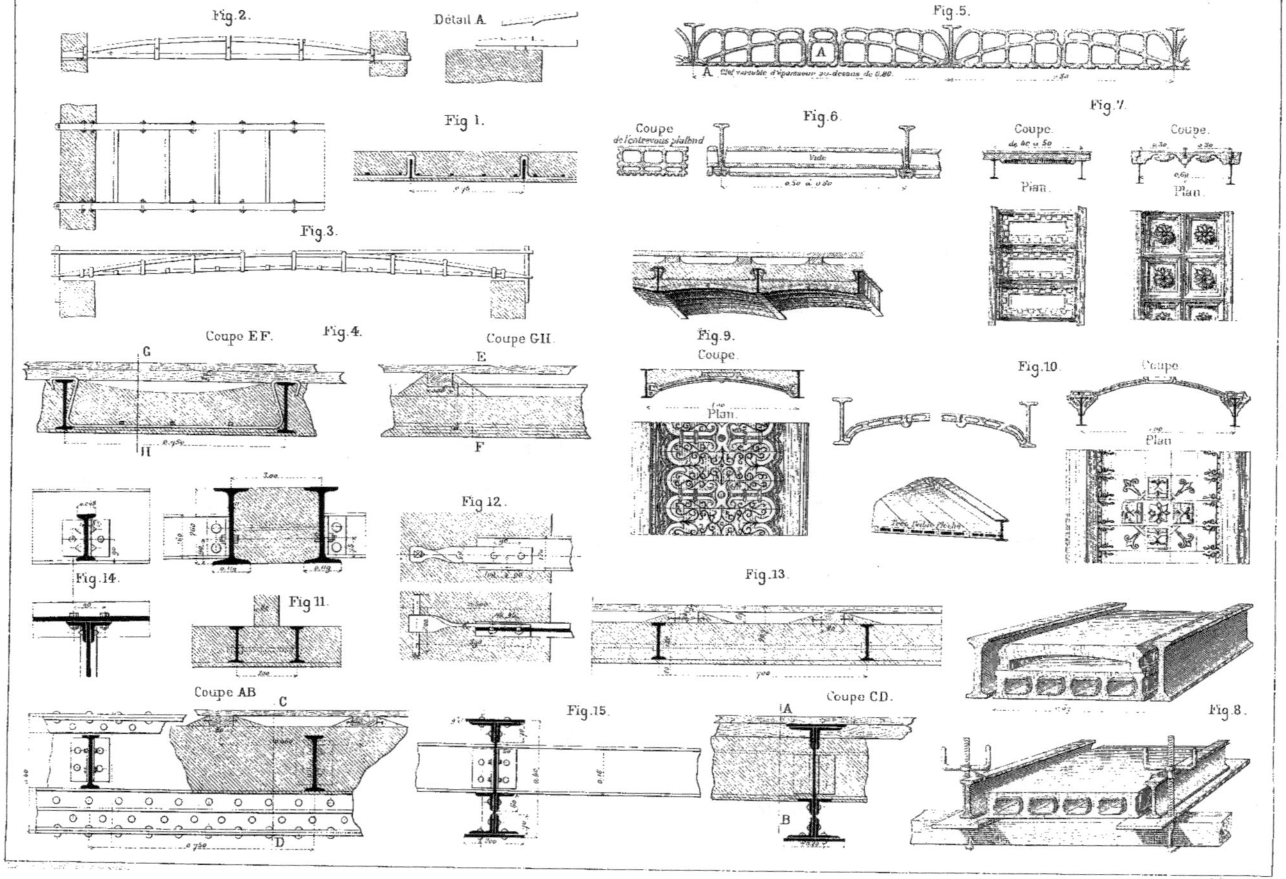

Fig. 2.

Détail A.

Fig. 5.

A — Clef variable d'épaisseur au-dessus de 0.80.

Fig. 1.

Coupe de l'entrevous plafond

Fig. 6.

Vide

0.50 à 0.80

Fig. 7.

Coupe de 40 à 50

Coupe

Plan.

Plan.

Fig. 3.

Coupe EF.

Fig. 4.

G

H

Coupe GH.

E

F

Fig. 9.

Coupe.

Plan.

Fig. 10.

Coupe

Plan.

Fig. 12.

Fig. 14.

Fig. 11.

Fig. 13.

Coupe AB.

C

D

Fig. 15.

Coupe CD.

A

B

Fig. 8.

FERS A AILES ORDINAIRES

Tableau de la résistance des fers à **I**, ailes ordinaires, travaillant de champ

(Extrait de l'album des fers de Châtillon et Commentry).

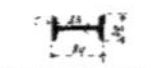

Poids (*uniformément réparti*) dont on peut charger chaque fer posé sur deux appuis de niveau pour les portées de :

Profil des fers / Poids du mètre	Valeur de R	2.00	2.25	2.50	2.75	3.00	3.25	3.50	3.75	4.00	4.25	4.50	5.00	5.50	6.00	6.50	7.00	7.50	8.00
6.50	6	472	420	378	343	315	291	270	252	236	222	210	183	171	157	146	135	126	118
	8	630	560	504	458	420	388	360	336	315	296	280	252	229	210	194	180	168	157
	10	788	700	630	573	525	485	450	420	394	370	350	315	286	265	242	225	210	197
11.00	6	688	611	550	500	459	423	393	367	344	324	306	275	250	229	211	196	183	172
	8	918	816	734	667	612	565	524	489	459	432	408	367	333	306	282	262	244	229
	10	1147	1020	918	834	765	706	655	612	573	540	510	459	417	382	353	327	305	286
8.25	6	764	679	611	556	509	470	436	407	381	359	339	306	278	254	235	218	203	191
	8	1019	906	815	741	679	627	582	543	509	478	453	407	370	339	313	291	271	254
	10	1274	1132	1019	927	849	784	726	679	637	595	566	509	463	424	391	364	339	318
12.45	6	976	868	781	710	661	601	558	520	488	459	434	390	338	315	288	278	260	244
	8	1302	1157	1041	947	861	801	744	694	651	617	578	520	473	434	400	372	347	325
	10	1627	1446	1302	1185	1085	1001	930	868	813	766	723	651	591	542	500	465	434	406
9.50	6	1002	926	833	734	694	641	595	565	521	490	463	416	379	347	320	297	277	260
	8	1339	1236	1112	1010	926	855	794	741	694	654	617	555	506	463	427	397	370	347
	10	1737	1544	1389	1263	1158	1069	992	926	868	817	772	694	631	579	534	496	463	434
17.00	6	1568	1393	1254	1140	1045	966	896	836	780	737	697	627	570	523	482	447	418	391
	8	2090	1858	1672	1520	1393	1286	1194	1115	1045	983	929	836	760	697	643	597	557	522
	10	2612	2323	2090	1900	1742	1608	1493	1394	1306	1229	1161	1045	950	871	804	747	696	653
12.50	6	1464	1306	1171	1064	976	900	836	780	731	688	650	585	532	487	450	418	390	365
	8	1951	1734	1561	1419	1301	1200	1115	1040	975	918	867	780	709	650	600	557	520	487
	10	2459	2168	1951	1773	1625	1500	1394	1300	1219	1148	1080	975	886	813	750	696	650	603
21.30	6	2196	1952	1756	1557	1460	1351	1255	1173	1128	1033	976	878	798	732	676	627	585	549
	8	2928	2603	2342	2129	1952	1801	1673	1561	1464	1377	1301	1171	1064	976	900	836	780	732
	10	3661	3254	2928	2662	2400	2252	2092	1952	1830	1721	1627	1464	1331	1220	1126	1046	976	915
13.00	6	[illegible]	[illegible]	[illegible]	[illegible]	[illegible]	[illegible]	[illegible]	[illegible]	[illegible]	[illegible]	[illegible]	[illegible]	[illegible]	[illegible]	[illegible]	[illegible]	[illegible]	[illegible]
	8	[illegible]	[illegible]	[illegible]	[illegible]	[illegible]	[illegible]	[illegible]	[illegible]	[illegible]	[illegible]	[illegible]	[illegible]	[illegible]	[illegible]	[illegible]	[illegible]	[illegible]	[illegible]
	10	[illegible]	[illegible]	[illegible]	[illegible]	[illegible]	[illegible]	[illegible]	[illegible]	[illegible]	[illegible]	[illegible]	[illegible]	[illegible]	[illegible]	[illegible]	[illegible]	[illegible]	[illegible]
26.70	6	[illegible]	[illegible]	[illegible]	[illegible]	[illegible]	[illegible]	[illegible]	[illegible]	[illegible]	[illegible]	[illegible]	[illegible]	[illegible]	[illegible]	[illegible]	[illegible]	[illegible]	[illegible]
	8	[illegible]	[illegible]	[illegible]	[illegible]	[illegible]	[illegible]	[illegible]	[illegible]	[illegible]	[illegible]	[illegible]	[illegible]	[illegible]	[illegible]	[illegible]	[illegible]	[illegible]	[illegible]
	10	[illegible]	[illegible]	[illegible]	[illegible]	[illegible]	[illegible]	[illegible]	[illegible]	[illegible]	[illegible]	[illegible]	[illegible]	[illegible]	[illegible]	[illegible]	[illegible]	[illegible]	[illegible]
20.00	6	[illegible]	[illegible]	[illegible]	[illegible]	[illegible]	[illegible]	[illegible]	[illegible]	[illegible]	[illegible]	[illegible]	[illegible]	[illegible]	[illegible]	[illegible]	[illegible]	[illegible]	[illegible]
	8	[illegible]	[illegible]	[illegible]	[illegible]	[illegible]	[illegible]	[illegible]	[illegible]	[illegible]	[illegible]	[illegible]	[illegible]	[illegible]	[illegible]	[illegible]	[illegible]	[illegible]	[illegible]
	10	[illegible]	[illegible]	[illegible]	[illegible]	[illegible]	[illegible]	[illegible]	[illegible]	[illegible]	[illegible]	[illegible]	[illegible]	[illegible]	[illegible]	[illegible]	[illegible]	[illegible]	[illegible]
23.00	6	[illegible]	[illegible]	[illegible]	[illegible]	[illegible]	[illegible]	[illegible]	[illegible]	[illegible]	[illegible]	[illegible]	[illegible]	[illegible]	[illegible]	[illegible]	[illegible]	[illegible]	[illegible]
	8	[illegible]	[illegible]	[illegible]	[illegible]	[illegible]	[illegible]	[illegible]	[illegible]	[illegible]	[illegible]	[illegible]	[illegible]	[illegible]	[illegible]	[illegible]	[illegible]	[illegible]	[illegible]
	10	[illegible]	[illegible]	[illegible]	[illegible]	[illegible]	[illegible]	[illegible]	[illegible]	[illegible]	[illegible]	[illegible]	[illegible]	[illegible]	[illegible]	[illegible]	[illegible]	[illegible]	[illegible]
37.50	6	[illegible]	[illegible]	[illegible]	[illegible]	[illegible]	[illegible]	[illegible]	[illegible]	[illegible]	[illegible]	[illegible]	[illegible]	[illegible]	[illegible]	[illegible]	[illegible]	[illegible]	[illegible]
	8	[illegible]	[illegible]	[illegible]	[illegible]	[illegible]	[illegible]	[illegible]	[illegible]	[illegible]	[illegible]	[illegible]	[illegible]	[illegible]	[illegible]	[illegible]	[illegible]	[illegible]	[illegible]
	10	[illegible]	[illegible]	[illegible]	[illegible]	[illegible]	[illegible]	[illegible]	[illegible]	[illegible]	[illegible]	[illegible]	[illegible]	[illegible]	[illegible]	[illegible]	[illegible]	[illegible]	[illegible]
25.00	6	[illegible]	[illegible]	[illegible]	[illegible]	[illegible]	[illegible]	[illegible]	[illegible]	[illegible]	[illegible]	[illegible]	[illegible]	[illegible]	[illegible]	[illegible]	[illegible]	[illegible]	[illegible]
	8	[illegible]	[illegible]	[illegible]	[illegible]	[illegible]	[illegible]	[illegible]	[illegible]	[illegible]	[illegible]	[illegible]	[illegible]	[illegible]	[illegible]	[illegible]	[illegible]	[illegible]	[illegible]
	10	[illegible]	[illegible]	[illegible]	[illegible]	[illegible]	[illegible]	[illegible]	[illegible]	[illegible]	[illegible]	[illegible]	[illegible]	[illegible]	[illegible]	[illegible]	[illegible]	[illegible]	[illegible]
34.50	6	[illegible]	[illegible]	[illegible]	[illegible]	[illegible]	[illegible]	[illegible]	[illegible]	[illegible]	[illegible]	[illegible]	[illegible]	[illegible]	[illegible]	[illegible]	[illegible]	[illegible]	[illegible]
	8	[illegible]	[illegible]	[illegible]	[illegible]	[illegible]	[illegible]	[illegible]	[illegible]	[illegible]	[illegible]	[illegible]	[illegible]	[illegible]	[illegible]	[illegible]	[illegible]	[illegible]	[illegible]
	10	[illegible]	[illegible]	[illegible]	[illegible]	[illegible]	[illegible]	[illegible]	[illegible]	[illegible]	[illegible]	[illegible]	[illegible]	[illegible]	[illegible]	[illegible]	[illegible]	[illegible]	[illegible]

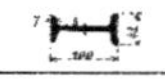

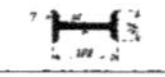

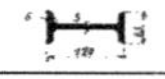

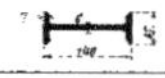

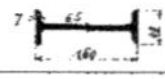

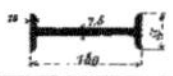

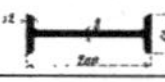

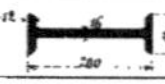

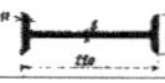

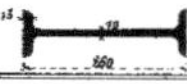

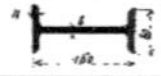

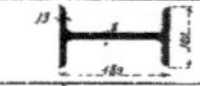

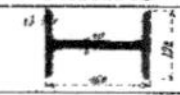

Notes — Les chiffres ci-dessus indiquent la charge totale *uniformément répartie* sur toute la solive en fer. Si la charge était au milieu, il faudrait doubler cette charge pour avoir le poids *uniformément réparti* correspondant :

FERS A LARGES AILES

Tableau de la résistance des fers à **I**, larges ailes, travaillant de champ

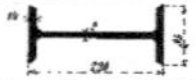

(Extrait de l'album des fers de Châtillon et Commentry).

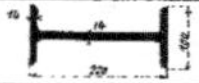

Poids (*uniformément réparti*) dont on peut charger chaque fer posé sur deux appuis de niveau pour les portées de :

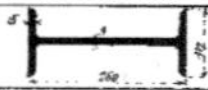

Profil des fers / Poids du mètre	Valeur de R	2.00	2.25	2.50	2.75	3.00	3.25	3.50	3.75	4.00	4.25	4.50	5.00	5.50	6.00	6.50	7.00	7.50	8.00
10.30	6	[illegible]	[illegible]	[illegible]	[illegible]	[illegible]	[illegible]	[illegible]	[illegible]	[illegible]	[illegible]	[illegible]	[illegible]	[illegible]	[illegible]	[illegible]	[illegible]	[illegible]	[illegible]
	8	[illegible]	[illegible]	[illegible]	[illegible]	[illegible]	[illegible]	[illegible]	[illegible]	[illegible]	[illegible]	[illegible]	[illegible]	[illegible]	[illegible]	[illegible]	[illegible]	[illegible]	[illegible]
	10	[illegible]	[illegible]	[illegible]	[illegible]	[illegible]	[illegible]	[illegible]	[illegible]	[illegible]	[illegible]	[illegible]	[illegible]	[illegible]	[illegible]	[illegible]	[illegible]	[illegible]	[illegible]
14.00	6	[illegible]	[illegible]	[illegible]	[illegible]	[illegible]	[illegible]	[illegible]	[illegible]	[illegible]	[illegible]	[illegible]	[illegible]	[illegible]	[illegible]	[illegible]	[illegible]	[illegible]	[illegible]
	8	[illegible]	[illegible]	[illegible]	[illegible]	[illegible]	[illegible]	[illegible]	[illegible]	[illegible]	[illegible]	[illegible]	[illegible]	[illegible]	[illegible]	[illegible]	[illegible]	[illegible]	[illegible]
	10	[illegible]	[illegible]	[illegible]	[illegible]	[illegible]	[illegible]	[illegible]	[illegible]	[illegible]	[illegible]	[illegible]	[illegible]	[illegible]	[illegible]	[illegible]	[illegible]	[illegible]	[illegible]
16.00	6	[illegible]	[illegible]	[illegible]	[illegible]	[illegible]	[illegible]	[illegible]	[illegible]	[illegible]	[illegible]	[illegible]	[illegible]	[illegible]	[illegible]	[illegible]	[illegible]	[illegible]	[illegible]
	8	[illegible]	[illegible]	[illegible]	[illegible]	[illegible]	[illegible]	[illegible]	[illegible]	[illegible]	[illegible]	[illegible]	[illegible]	[illegible]	[illegible]	[illegible]	[illegible]	[illegible]	[illegible]
	10	[illegible]	[illegible]	[illegible]	[illegible]	[illegible]	[illegible]	[illegible]	[illegible]	[illegible]	[illegible]	[illegible]	[illegible]	[illegible]	[illegible]	[illegible]	[illegible]	[illegible]	[illegible]
22.50	6	[illegible]	[illegible]	[illegible]	[illegible]	[illegible]	[illegible]	[illegible]	[illegible]	[illegible]	[illegible]	[illegible]	[illegible]	[illegible]	[illegible]	[illegible]	[illegible]	[illegible]	[illegible]
	8	[illegible]	[illegible]	[illegible]	[illegible]	[illegible]	[illegible]	[illegible]	[illegible]	[illegible]	[illegible]	[illegible]	[illegible]	[illegible]	[illegible]	[illegible]	[illegible]	[illegible]	[illegible]
	10	[illegible]	[illegible]	[illegible]	[illegible]	[illegible]	[illegible]	[illegible]	[illegible]	[illegible]	[illegible]	[illegible]	[illegible]	[illegible]	[illegible]	[illegible]	[illegible]	[illegible]	[illegible]
22.00	6	[illegible]	[illegible]	[illegible]	[illegible]	[illegible]	[illegible]	[illegible]	[illegible]	[illegible]	[illegible]	[illegible]	[illegible]	[illegible]	[illegible]	[illegible]	[illegible]	[illegible]	[illegible]
	8	[illegible]	[illegible]	[illegible]	[illegible]	[illegible]	[illegible]	[illegible]	[illegible]	[illegible]	[illegible]	[illegible]	[illegible]	[illegible]	[illegible]	[illegible]	[illegible]	[illegible]	[illegible]
	10	[illegible]	[illegible]	[illegible]	[illegible]	[illegible]	[illegible]	[illegible]	[illegible]	[illegible]	[illegible]	[illegible]	[illegible]	[illegible]	[illegible]	[illegible]	[illegible]	[illegible]	[illegible]
29.00	6	[illegible]	[illegible]	[illegible]	[illegible]	[illegible]	[illegible]	[illegible]	[illegible]	[illegible]	[illegible]	[illegible]	[illegible]	[illegible]	[illegible]	[illegible]	[illegible]	[illegible]	[illegible]
	8	[illegible]	[illegible]	[illegible]	[illegible]	[illegible]	[illegible]	[illegible]	[illegible]	[illegible]	[illegible]	[illegible]	[illegible]	[illegible]	[illegible]	[illegible]	[illegible]	[illegible]	[illegible]
	10	[illegible]	[illegible]	[illegible]	[illegible]	[illegible]	[illegible]	[illegible]	[illegible]	[illegible]	[illegible]	[illegible]	[illegible]	[illegible]	[illegible]	[illegible]	[illegible]	[illegible]	[illegible]
34.50	6	[illegible]	[illegible]	[illegible]	[illegible]	[illegible]	[illegible]	[illegible]	[illegible]	[illegible]	[illegible]	[illegible]	[illegible]	[illegible]	[illegible]	[illegible]	[illegible]	[illegible]	[illegible]
	8	[illegible]	[illegible]	[illegible]	[illegible]	[illegible]	[illegible]	[illegible]	[illegible]	[illegible]	[illegible]	[illegible]	[illegible]	[illegible]	[illegible]	[illegible]	[illegible]	[illegible]	[illegible]
	10	[illegible]	[illegible]	[illegible]	[illegible]	[illegible]	[illegible]	[illegible]	[illegible]	[illegible]	[illegible]	[illegible]	[illegible]	[illegible]	[illegible]	[illegible]	[illegible]	[illegible]	[illegible]
38.00	6	[illegible]	[illegible]	[illegible]	[illegible]	[illegible]	[illegible]	[illegible]	[illegible]	[illegible]	[illegible]	[illegible]	[illegible]	[illegible]	[illegible]	[illegible]	[illegible]	[illegible]	[illegible]
	8	[illegible]	[illegible]	[illegible]	[illegible]	[illegible]	[illegible]	[illegible]	[illegible]	[illegible]	[illegible]	[illegible]	[illegible]	[illegible]	[illegible]	[illegible]	[illegible]	[illegible]	[illegible]
	10	[illegible]	[illegible]	[illegible]	[illegible]	[illegible]	[illegible]	[illegible]	[illegible]	[illegible]	[illegible]	[illegible]	[illegible]	[illegible]	[illegible]	[illegible]	[illegible]	[illegible]	[illegible]
50.00	6	[illegible]	[illegible]	[illegible]	[illegible]	[illegible]	[illegible]	[illegible]	[illegible]	[illegible]	[illegible]	[illegible]	[illegible]	[illegible]	[illegible]	[illegible]	[illegible]	[illegible]	[illegible]
	8	[illegible]	[illegible]	[illegible]	[illegible]	[illegible]	[illegible]	[illegible]	[illegible]	[illegible]	[illegible]	[illegible]	[illegible]	[illegible]	[illegible]	[illegible]	[illegible]	[illegible]	[illegible]
	10	[illegible]	[illegible]	[illegible]	[illegible]	[illegible]	[illegible]	[illegible]	[illegible]	[illegible]	[illegible]	[illegible]	[illegible]	[illegible]	[illegible]	[illegible]	[illegible]	[illegible]	[illegible]
33.60	6	[illegible]	[illegible]	[illegible]	[illegible]	[illegible]	[illegible]	[illegible]	[illegible]	[illegible]	[illegible]	[illegible]	[illegible]	[illegible]	[illegible]	[illegible]	[illegible]	[illegible]	[illegible]
	8	[illegible]	[illegible]	[illegible]	[illegible]	[illegible]	[illegible]	[illegible]	[illegible]	[illegible]	[illegible]	[illegible]	[illegible]	[illegible]	[illegible]	[illegible]	[illegible]	[illegible]	[illegible]
	10	[illegible]	[illegible]	[illegible]	[illegible]	[illegible]	[illegible]	[illegible]	[illegible]	[illegible]	[illegible]	[illegible]	[illegible]	[illegible]	[illegible]	[illegible]	[illegible]	[illegible]	[illegible]
40.50	6	[illegible]	[illegible]	[illegible]	[illegible]	[illegible]	[illegible]	[illegible]	[illegible]	[illegible]	[illegible]	[illegible]	[illegible]	[illegible]	[illegible]	[illegible]	[illegible]	[illegible]	[illegible]
	8	[illegible]	[illegible]	[illegible]	[illegible]	[illegible]	[illegible]	[illegible]	[illegible]	[illegible]	[illegible]	[illegible]	[illegible]	[illegible]	[illegible]	[illegible]	[illegible]	[illegible]	[illegible]
	10	[illegible]	[illegible]	[illegible]	[illegible]	[illegible]	[illegible]	[illegible]	[illegible]	[illegible]	[illegible]	[illegible]	[illegible]	[illegible]	[illegible]	[illegible]	[illegible]	[illegible]	[illegible]
43.00	6	[illegible]	[illegible]	[illegible]	[illegible]	[illegible]	[illegible]	[illegible]	[illegible]	[illegible]	[illegible]	[illegible]	[illegible]	[illegible]	[illegible]	[illegible]	[illegible]	[illegible]	[illegible]
	8	[illegible]	[illegible]	[illegible]	[illegible]	[illegible]	[illegible]	[illegible]	[illegible]	[illegible]	[illegible]	[illegible]	[illegible]	[illegible]	[illegible]	[illegible]	[illegible]	[illegible]	[illegible]
	10	[illegible]	[illegible]	[illegible]	[illegible]	[illegible]	[illegible]	[illegible]	[illegible]	[illegible]	[illegible]	[illegible]	[illegible]	[illegible]	[illegible]	[illegible]	[illegible]	[illegible]	[illegible]
51.00	6	[illegible]	[illegible]	[illegible]	[illegible]	[illegible]	[illegible]	[illegible]	[illegible]	[illegible]	[illegible]	[illegible]	[illegible]	[illegible]	[illegible]	[illegible]	[illegible]	[illegible]	[illegible]
	8	[illegible]	[illegible]	[illegible]	[illegible]	[illegible]	[illegible]	[illegible]	[illegible]	[illegible]	[illegible]	[illegible]	[illegible]	[illegible]	[illegible]	[illegible]	[illegible]	[illegible]	[illegible]
	10	[illegible]	[illegible]	[illegible]	[illegible]	[illegible]	[illegible]	[illegible]	[illegible]	[illegible]	[illegible]	[illegible]	[illegible]	[illegible]	[illegible]	[illegible]	[illegible]	[illegible]	[illegible]
65.00	6	[illegible]	[illegible]	[illegible]	[illegible]	[illegible]	[illegible]	[illegible]	[illegible]	[illegible]	[illegible]	[illegible]	[illegible]	[illegible]	[illegible]	[illegible]	[illegible]	[illegible]	[illegible]
	8	[illegible]	[illegible]	[illegible]	[illegible]	[illegible]	[illegible]	[illegible]	[illegible]	[illegible]	[illegible]	[illegible]	[illegible]	[illegible]	[illegible]	[illegible]	[illegible]	[illegible]	[illegible]
	10	[illegible]	[illegible]	[illegible]	[illegible]	[illegible]	[illegible]	[illegible]	[illegible]	[illegible]	[illegible]	[illegible]	[illegible]	[illegible]	[illegible]	[illegible]	[illegible]	[illegible]	[illegible]
85.00	6	[illegible]	[illegible]	[illegible]	[illegible]	[illegible]	[illegible]	[illegible]	[illegible]	[illegible]	[illegible]	[illegible]	[illegible]	[illegible]	[illegible]	[illegible]	[illegible]	[illegible]	[illegible]
	8	[illegible]	[illegible]	[illegible]	[illegible]	[illegible]	[illegible]	[illegible]	[illegible]	[illegible]	[illegible]	[illegible]	[illegible]	[illegible]	[illegible]	[illegible]	[illegible]	[illegible]	[illegible]
	10	[illegible]	[illegible]	[illegible]	[illegible]	[illegible]	[illegible]	[illegible]	[illegible]	[illegible]	[illegible]	[illegible]	[illegible]	[illegible]	[illegible]	[illegible]	[illegible]	[illegible]	[illegible]

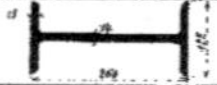

Notes — Le coefficient 6ᵏ convient aux ponts et aux poitrails chargés d'une façon constante ; le coefficient 8ᵏ convient aux planchers et pièces chargés d'une manière non permanente ; le coefficient 10ᵏ correspond aux constructions légères et provisoires.

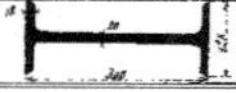

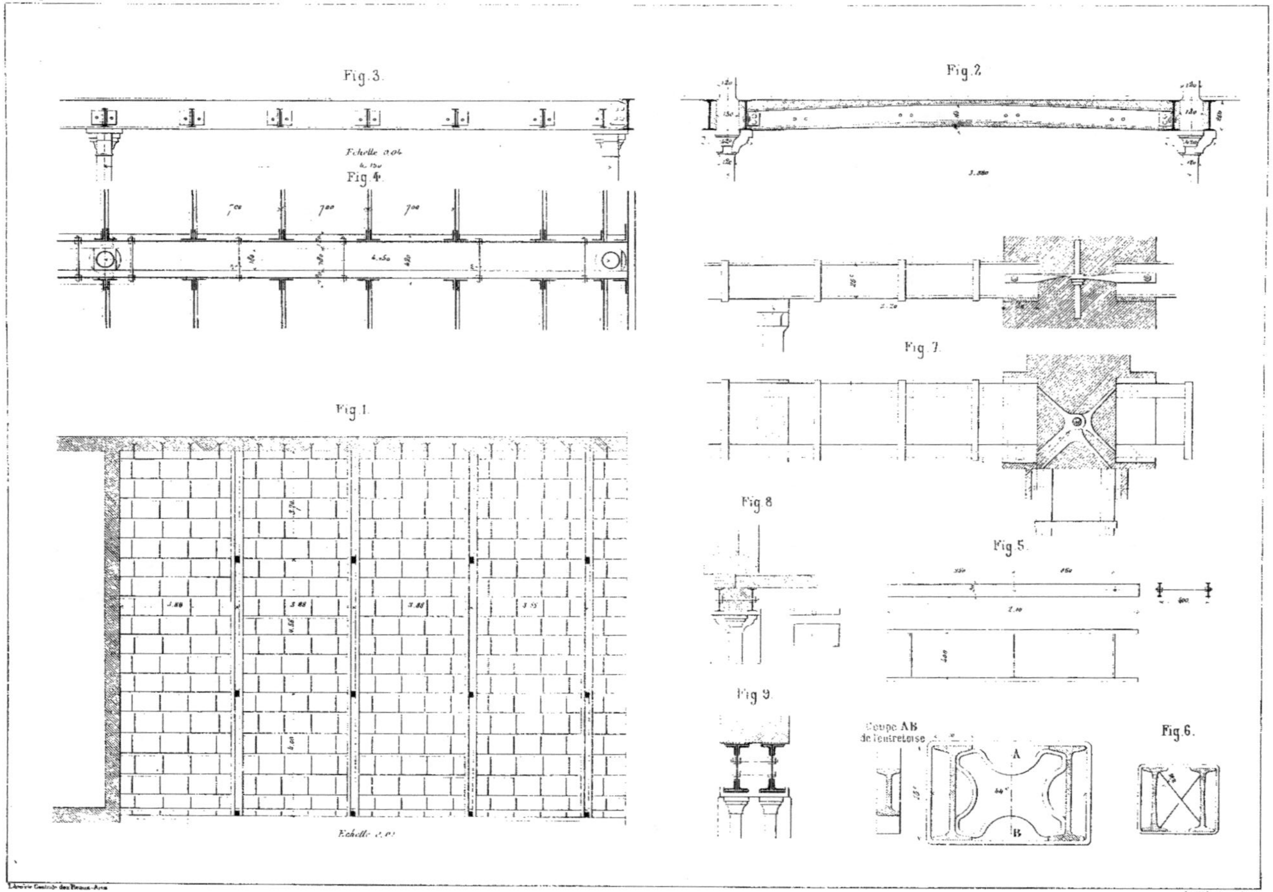

Fig. 3.

Fig. 2.

Echelle 0.04
h. 150
Fig. 4.

Fig. 7.

Fig. 1.

Fig. 8.

Fig. 5.

Fig. 9.

Coupe AB
de l'entretoise

Fig. 6.

Echelle 0.01

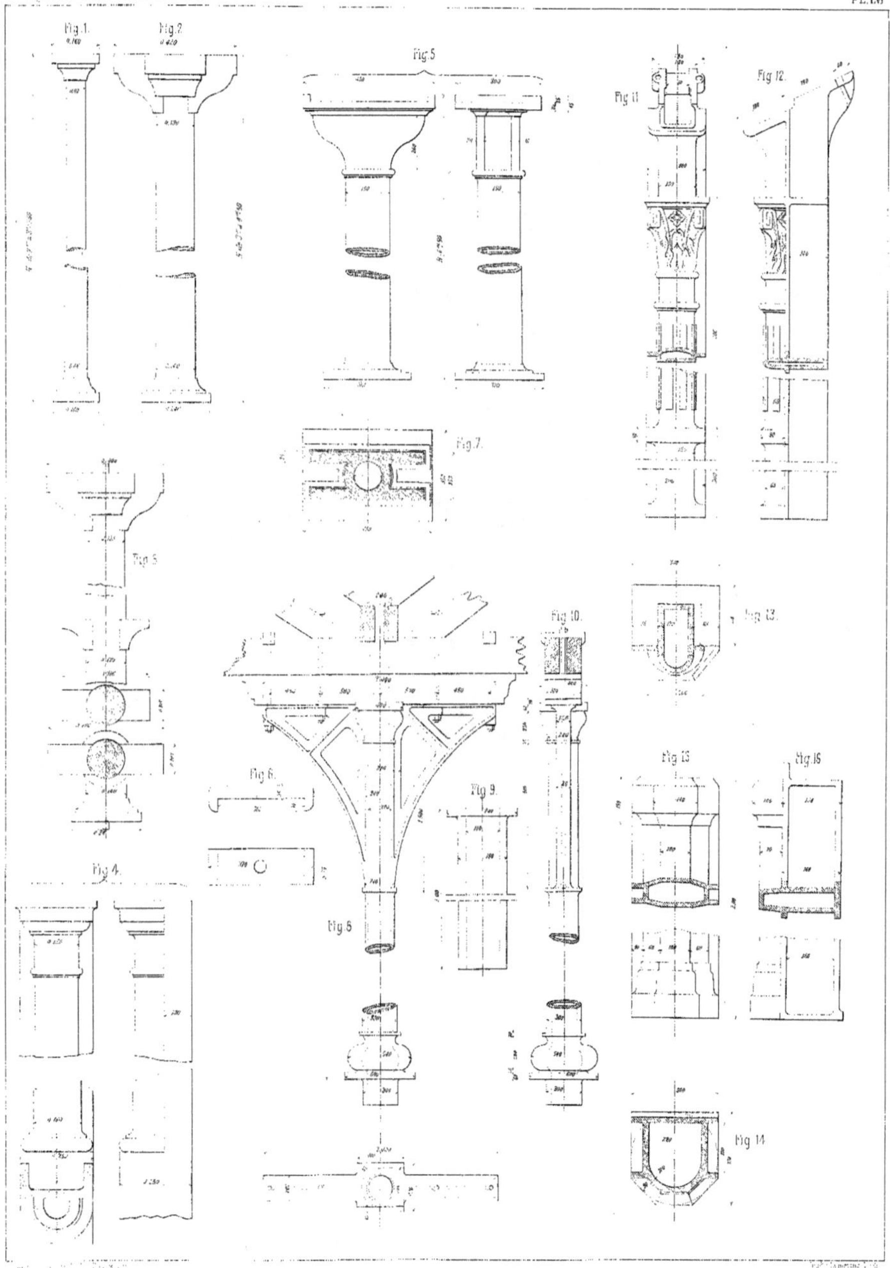

Fig. 1.
Fig. 2.
Fig. 5.
Fig. 11
Fig. 12
Fig. 7.
Fig. 3.
Fig. 6.
Fig. 10.
Fig. 13.
Fig. 9.
Fig. 15
Fig. 16
Fig. 4.
Fig. 8.
Fig. 14

Fig. 1.

Fig. 2.

Fig. 3.

Fig. 4.

Fig. 5.

Fig. 6.

Fig. 7.

Fig. 8.

Fig. 9.

Légende

A Poteau cornier
B Poteau d'huisserie
C Linteau
D Chaîne d'écartement
E Sablières
G Plate-forme

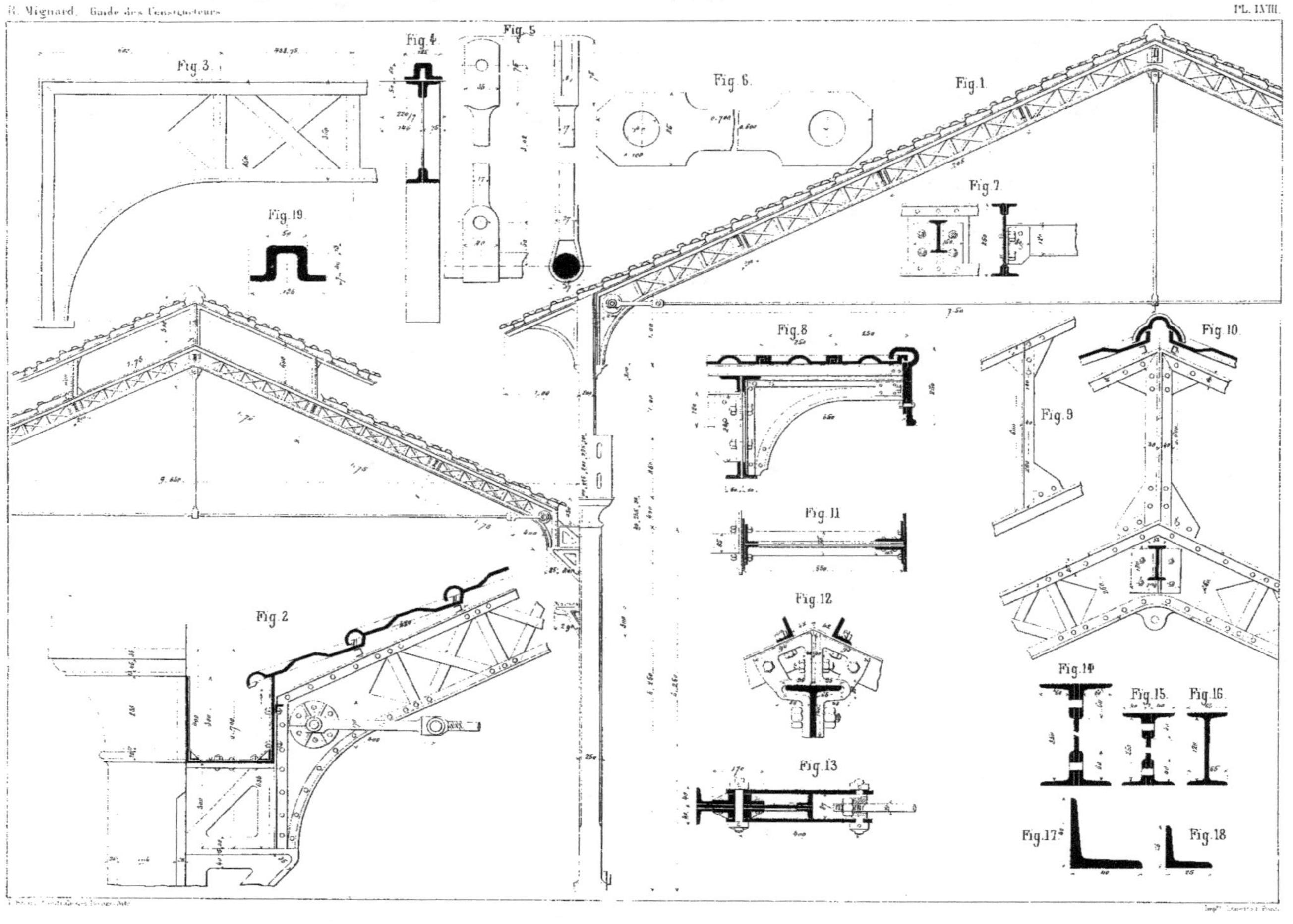

Fig. 1
Fig. 2
Fig. 3
Fig. 4
Fig. 5
Fig. 6
Fig. 7
Fig. 8
Fig. 9
Fig. 10
Fig. 11
Fig. 12
Fig. 13
Fig. 14
Fig. 15
Fig. 16
Fig. 17
Fig. 18
Fig. 19

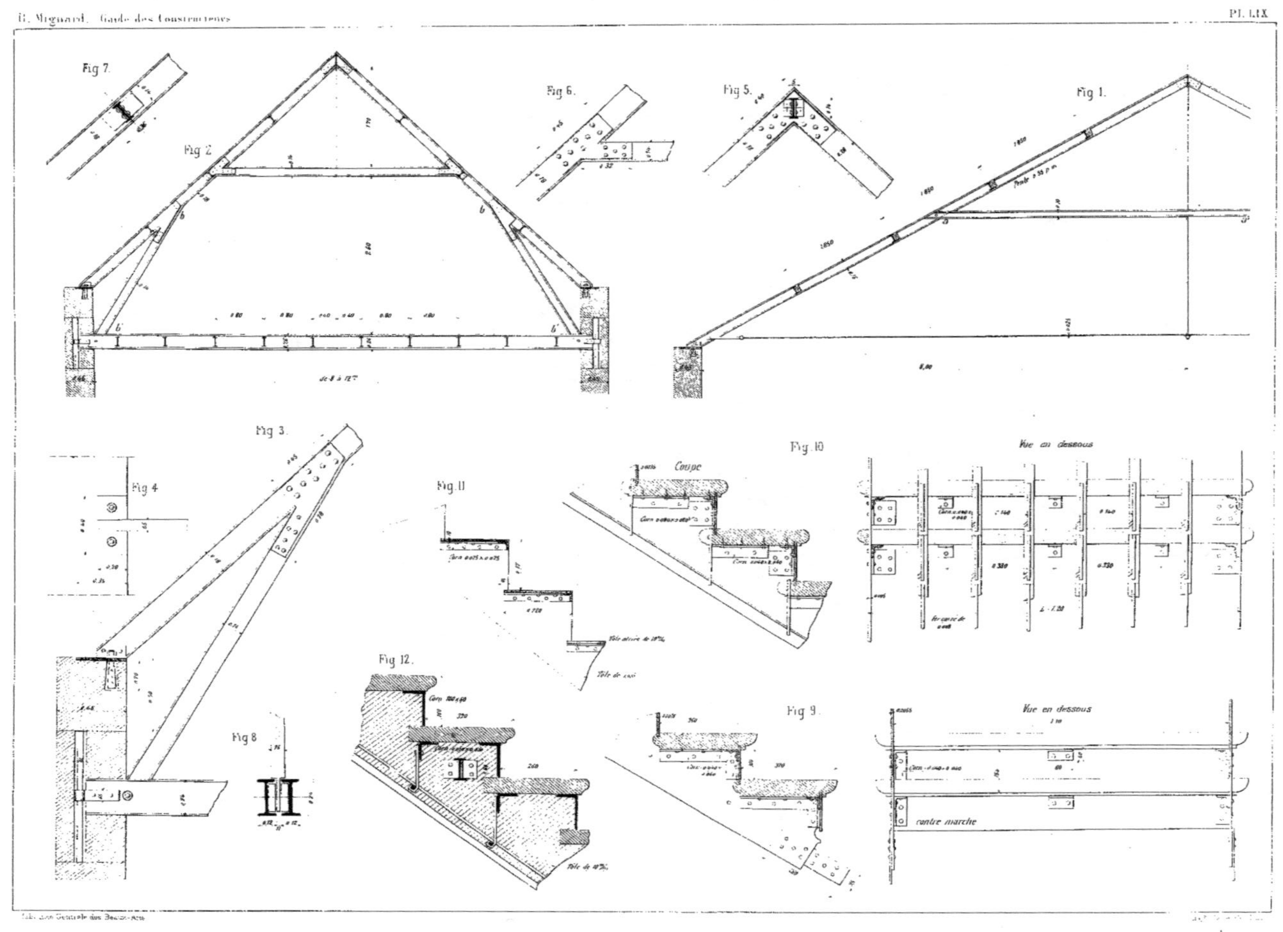

Pl. LIX
E. Mignard. Guide des Constructeurs
Fig 1.
Fig 2.
Fig 3
Fig 4
Fig 5.
Fig 6.
Fig 7
Fig 8
Fig 9
Fig 10
Fig 11
Fig 12
Vue au dessous
Vue en dessous
Coupe
contre marche

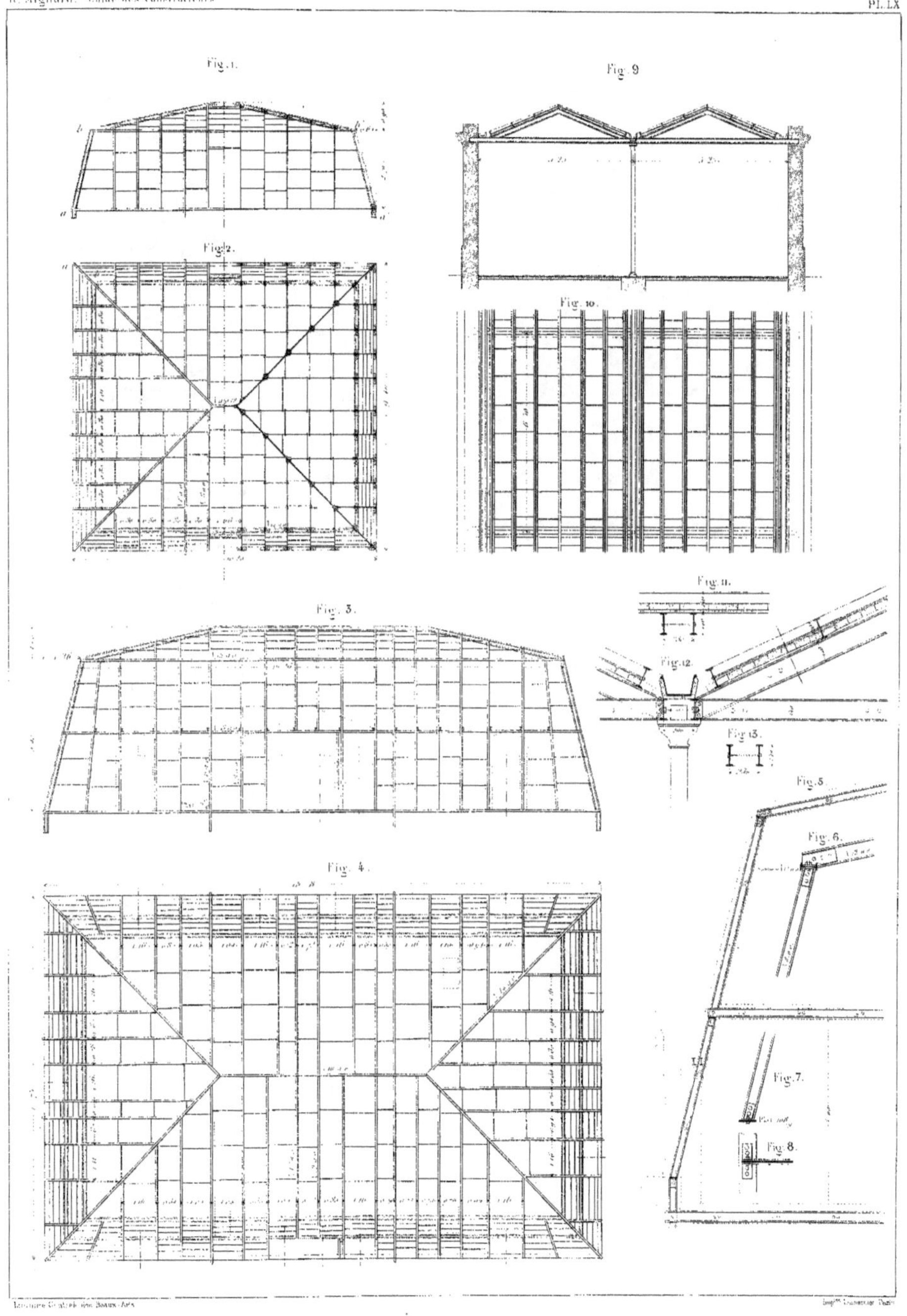

Fig. 1.
Fig. 9
Fig. 2.
Fig. 10.
Fig. 3.
Fig. 11.
Fig. 12.
Fig. 13.
Fig. 5.
Fig. 6.
Fig. 4.
Fig. 7.
Fig. 8.

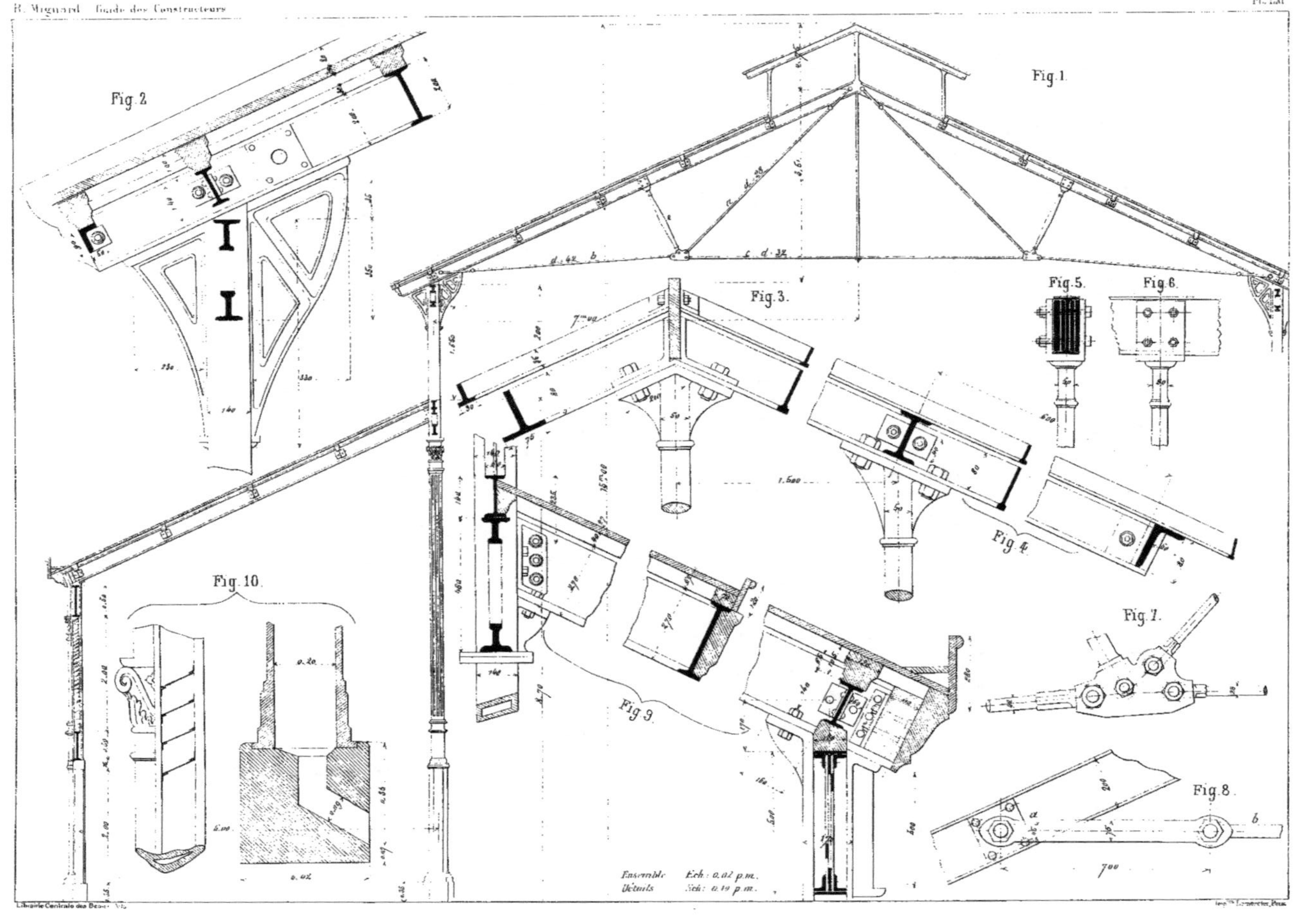

Fig. 1.
Fig. 2.
Fig. 3.
Fig. 4.
Fig. 5.
Fig. 6.
Fig. 7.
Fig. 8.
Fig. 9.
Fig. 10.
Ensemble   Éch: 0,02 p.m.
Détails   Éch: 0,10 p.m.
Librairie Centrale des Beaux-Arts
Imp. Lemercier, Paris

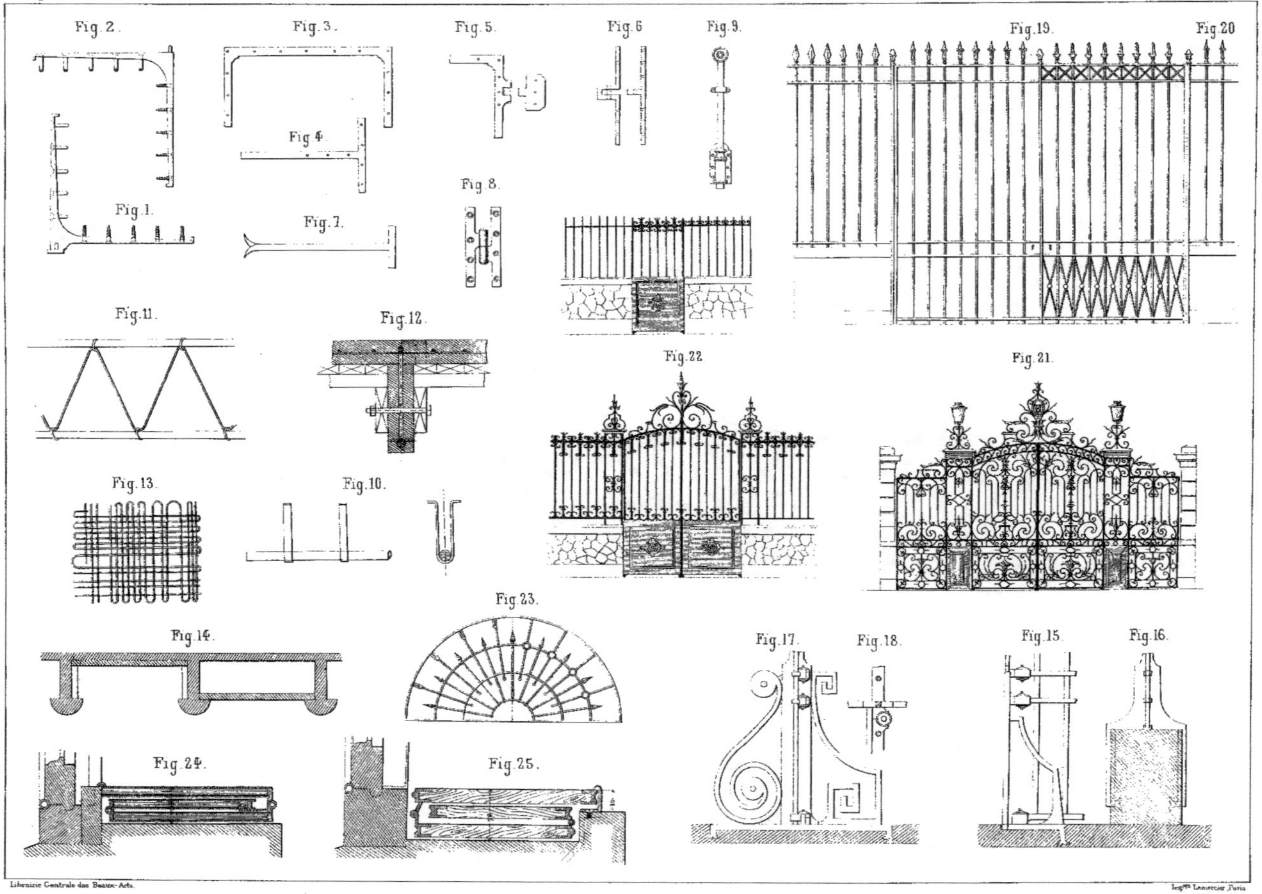
Fig. 1.
Fig. 2.
Fig. 3.
Fig. 4.
Fig. 5.
Fig. 6.
Fig. 7.
Fig. 8.
Fig. 9.
Fig. 10.
Fig. 11.
Fig. 12.
Fig. 13.
Fig. 14.
Fig. 15.
Fig. 16.
Fig. 17.
Fig. 18.
Fig. 19.
Fig. 20.
Fig. 21.
Fig. 22.
Fig. 23.
Fig. 24.
Fig. 25.

Librairie Centrale des Beaux-Arts. Impies Lemercier, Paris

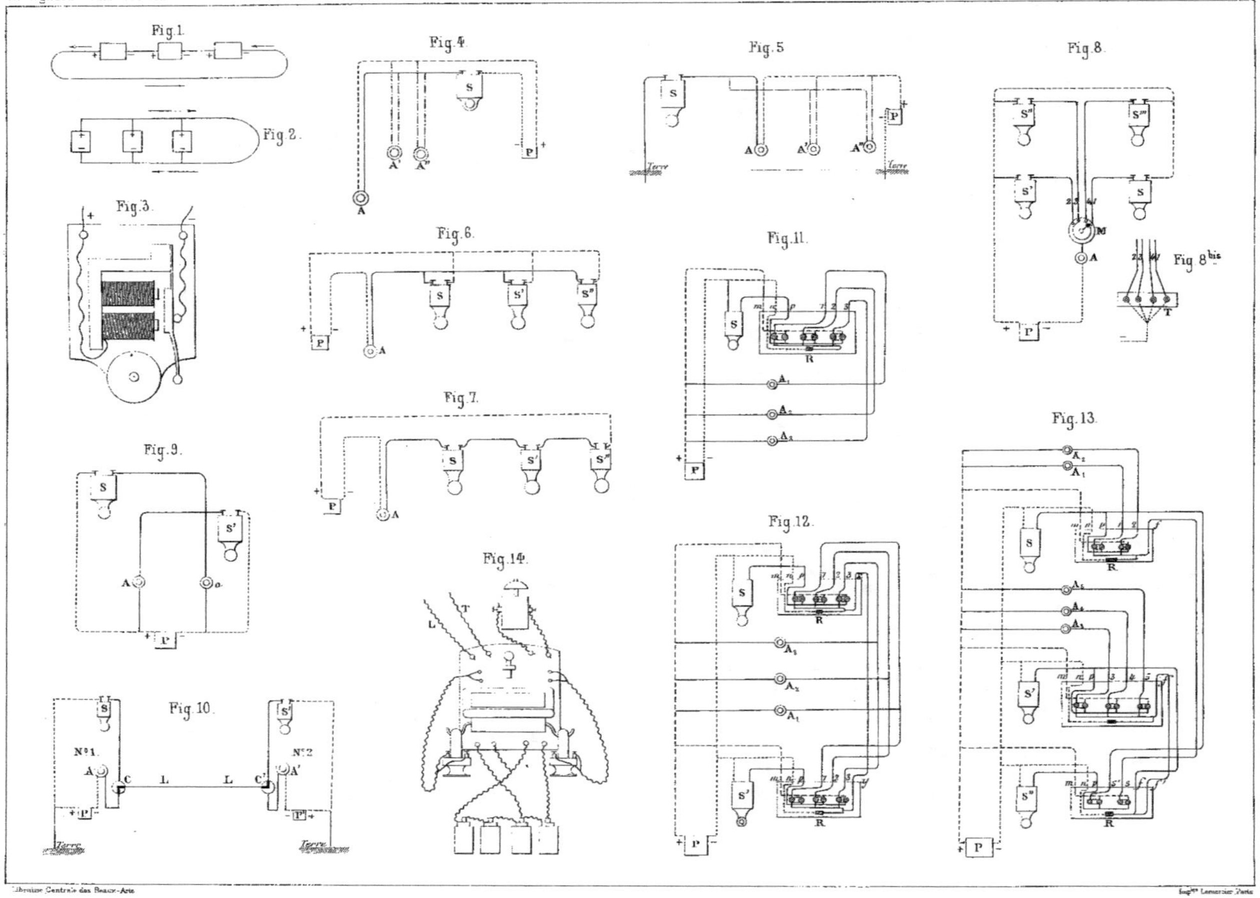

H. Mignard — Guide des Constructeurs

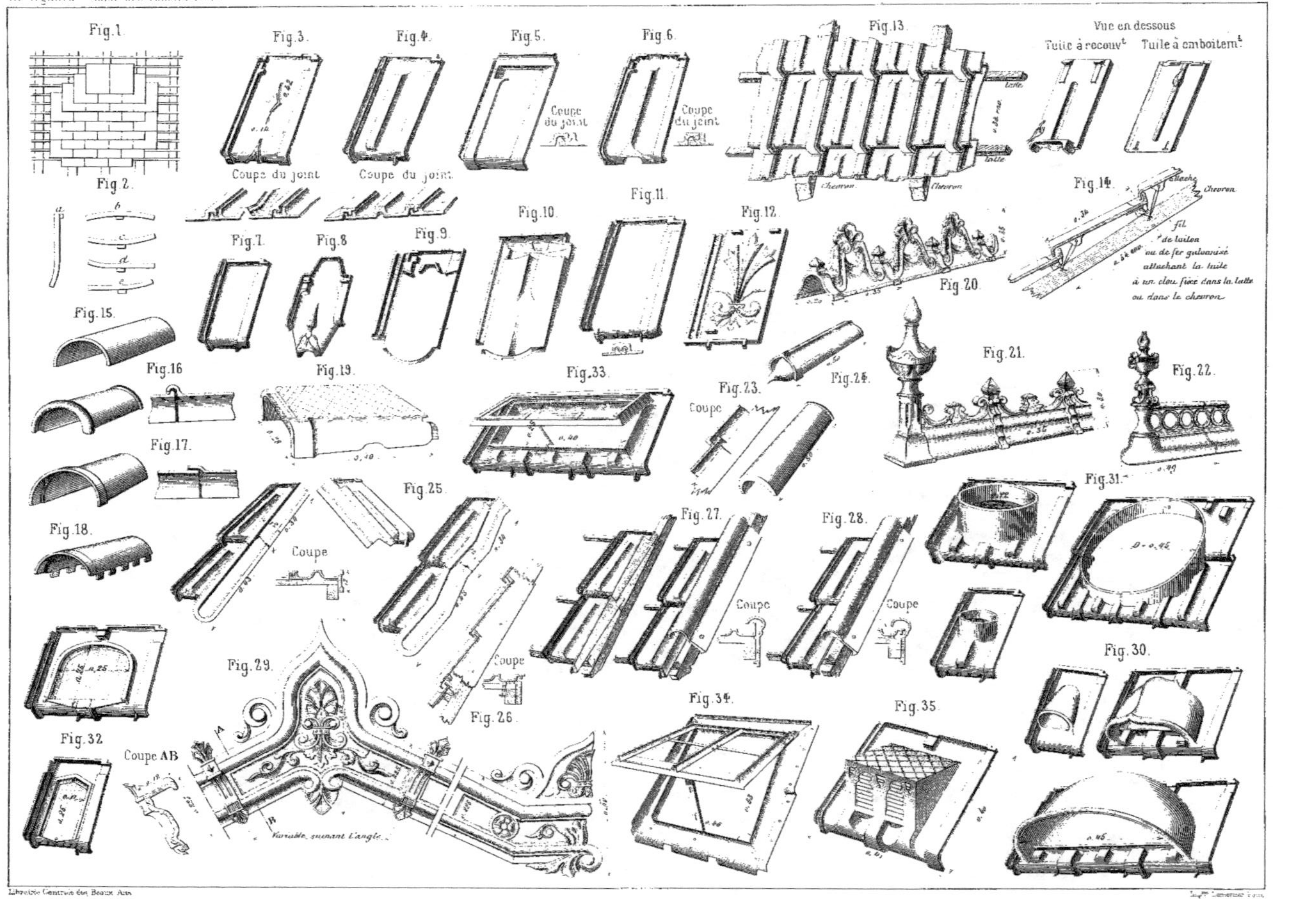

Fig. 1.
Fig. 2.
Fig. 3.
Coupe du joint
Fig. 4.
Coupe du joint
Fig. 5.
Coupe du joint
Fig. 6.
Coupe du joint
Fig. 7.
Fig. 8.
Fig. 9.
Fig. 10.
Fig. 11.
Fig. 12.
Fig. 13.
Chevron.
Chevron.
latte
Vue en dessous
Tuile à recouv.t   Tuile à emboitem.t
Fig. 14.
flèche
Chevron
fil de laiton ou de fer galvanisé attachant la tuile à un clou fixé dans la latte ou dans le chevron.
Fig. 15.
Fig. 16.
Fig. 17.
Fig. 18.
Fig. 19.
Fig. 20.
Fig. 21.
Fig. 22.
Fig. 23.
Coupe
Fig. 24.
Fig. 25.
Coupe
Coupe
Fig. 26.
Fig. 27.
Coupe
Fig. 28.
Coupe
Fig. 29.
Coupe AB
Variable, suivant l'angle.
Fig. 30.
Fig. 31.
Fig. 32.
Fig. 33.
Fig. 34.
Fig. 35.

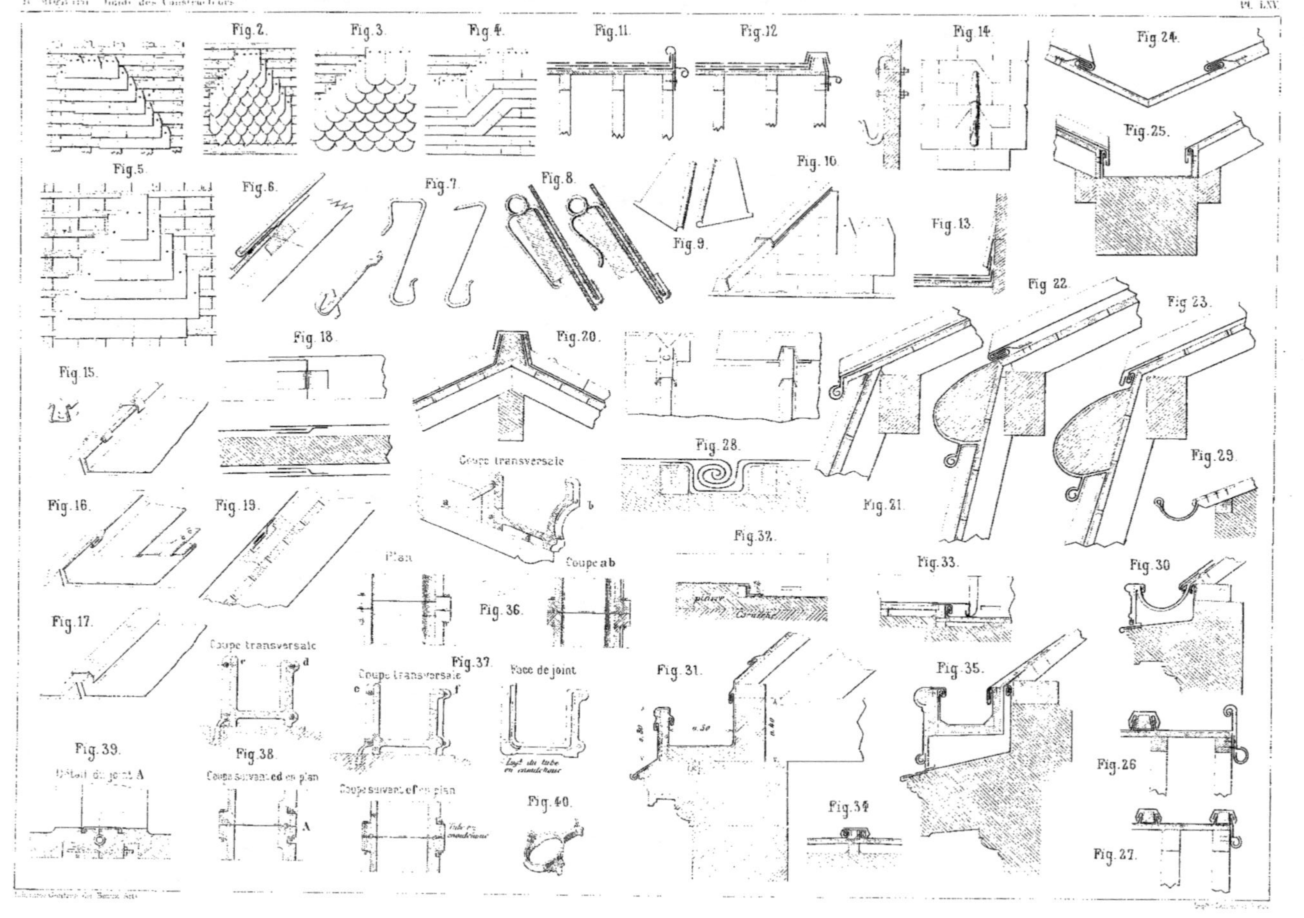
Fig. 2.
Fig. 3.
Fig. 4.
Fig. 11.
Fig. 12.
Fig. 14.
Fig. 24.
Fig. 5.
Fig. 6.
Fig. 7.
Fig. 8.
Fig. 9.
Fig. 10.
Fig. 13.
Fig. 25.
Fig. 15.
Fig. 16.
Fig. 17.
Fig. 18.
Fig. 19.
Fig. 20.
Coupe transversale
a b
Fig. 28.
Fig. 22.
Fig. 23.
Fig. 21.
Fig. 29.
Fig. 32.
Plan
Coupe a b
Fig. 36.
Fig. 33.
Fig. 30.
Coupe transversale
c d
Fig. 37.
Coupe transversale
e f
Face de joint
Long. du tube
en caoutchouc
Fig. 31.
Fig. 35.
Fig. 39.
Détail du joint A
Fig. 38.
Coupe suivant ed en plan
Coupe suivant ef en plan
Fig. 40.
A
Tube en
caoutchouc
Fig. 34.
Fig. 26.
Fig. 27.

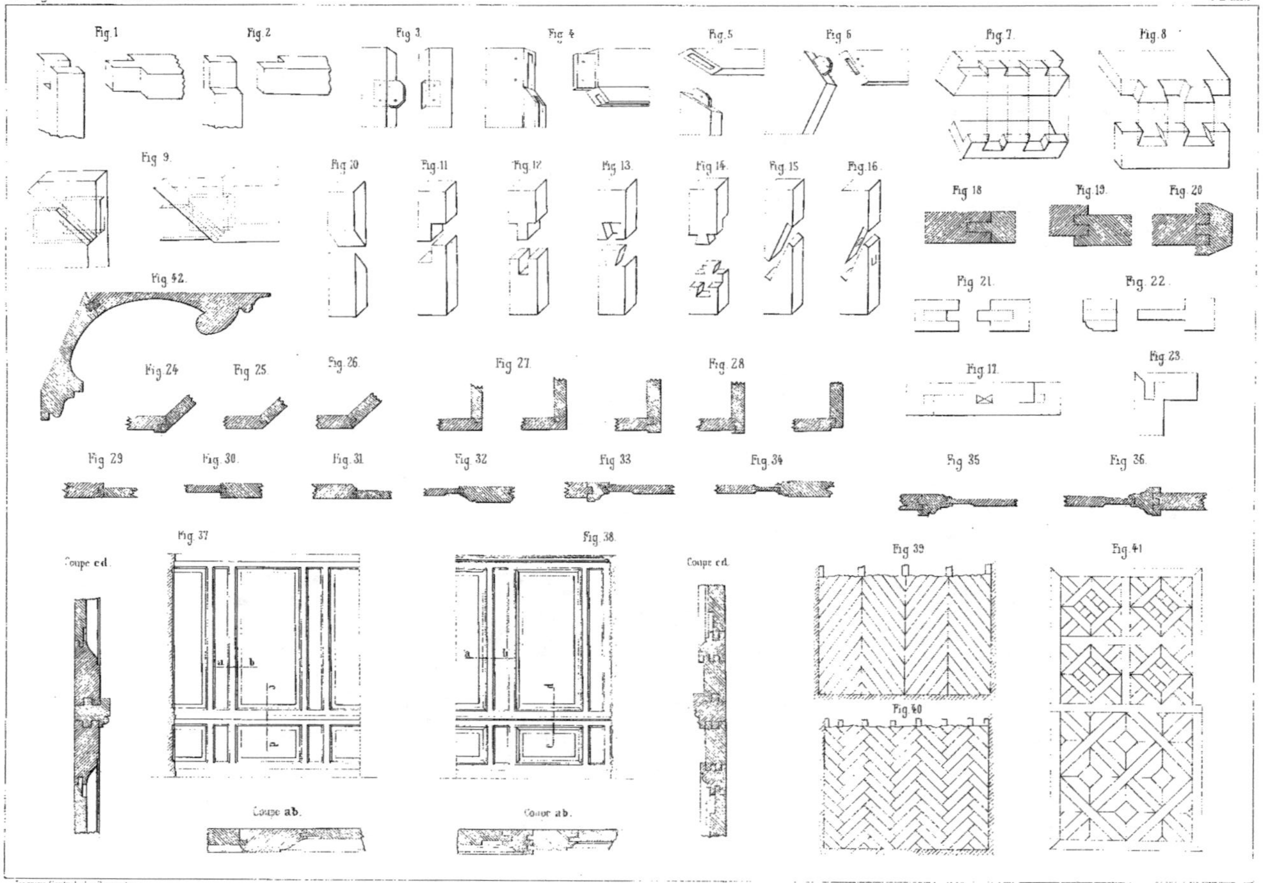

Fig. 1   Fig. 2   Fig. 3   Fig. 4   Fig. 5   Fig. 6   Fig. 7   Fig. 8

Fig. 9   Fig. 10   Fig. 11   Fig. 12   Fig. 13   Fig. 14   Fig. 15   Fig. 16   Fig. 18   Fig. 19   Fig. 20

Fig. 42   Fig. 21   Fig. 22

Fig. 24   Fig. 25   Fig. 26   Fig. 27   Fig. 28   Fig. 17   Fig. 23

Fig. 29   Fig. 30   Fig. 31   Fig. 32   Fig. 33   Fig. 34   Fig. 35   Fig. 36

Coupe cd.   Fig. 37   Fig. 38   Coupe cd.   Fig. 39   Fig. 41

Coupe ab.   Coupe ab.   Fig. 40

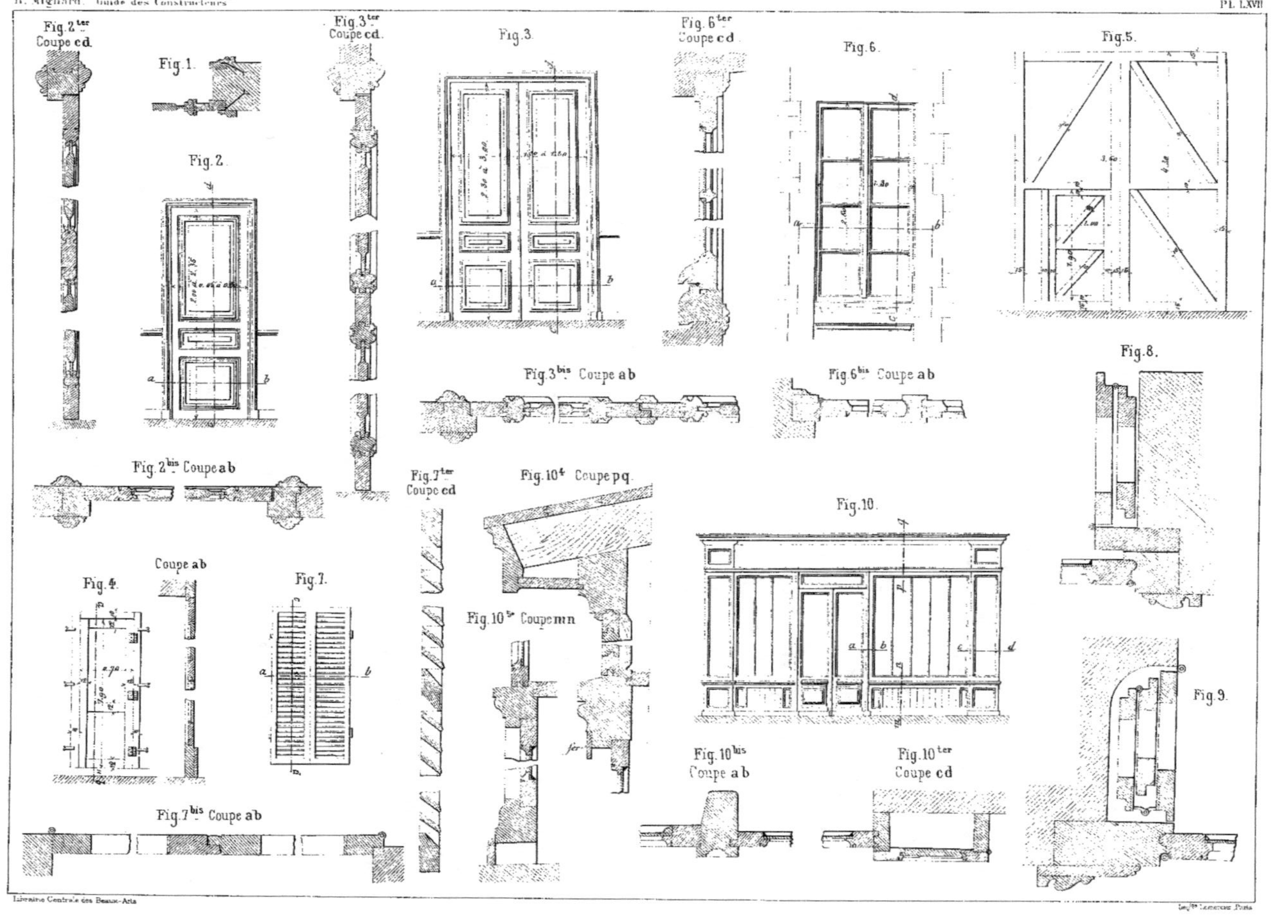

Fig. 2 ter Coupe cd.
Fig. 1.
Fig. 2.
Fig. 2 bis Coupe a b.
Fig. 3 ter Coupe cd.
Fig. 3.
Fig. 3 bis Coupe a b.
Fig. 6 ter Coupe cd.
Fig. 6.
Fig. 6 bis Coupe a b.
Fig. 5.
Fig. 8.
Fig. 9.
Coupe a b.
Fig. 4.
Fig. 7.
Fig. 7 ter Coupe cd.
Fig. 7 bis Coupe a b.
Fig. 10 4 Coupe pq.
Fig. 10 5e Coupe mn.
Fig. 10.
Fig. 10 bis Coupe a b.
Fig. 10 ter Coupe cd.
Librairie Centrale des Beaux-Arts.

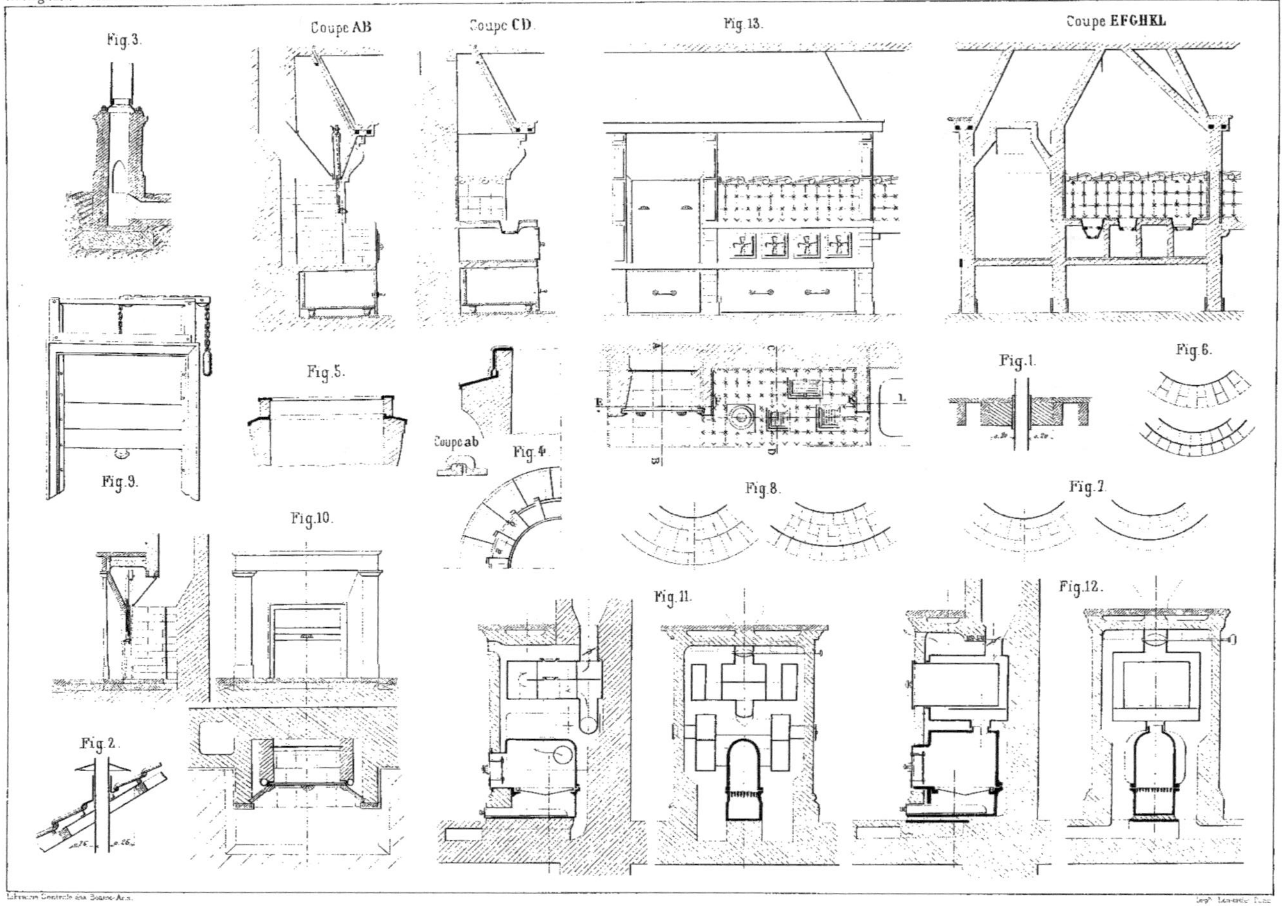
Fig. 3.
Coupe AB
Coupe CD.
Fig. 13.
Coupe EFGHKL
Fig. 5.
Fig. 9.
Coupe ab
Fig. 4.
Fig. 1.
Fig. 6.
Fig. 8.
Fig. 7.
Fig. 10.
Fig. 11.
Fig. 12.
Fig. 2.

Librairie Centrale des Beaux-Arts.

Impᵉ Lemercier Paris

LES CINQ ORDRES D'ARCHITECTURE

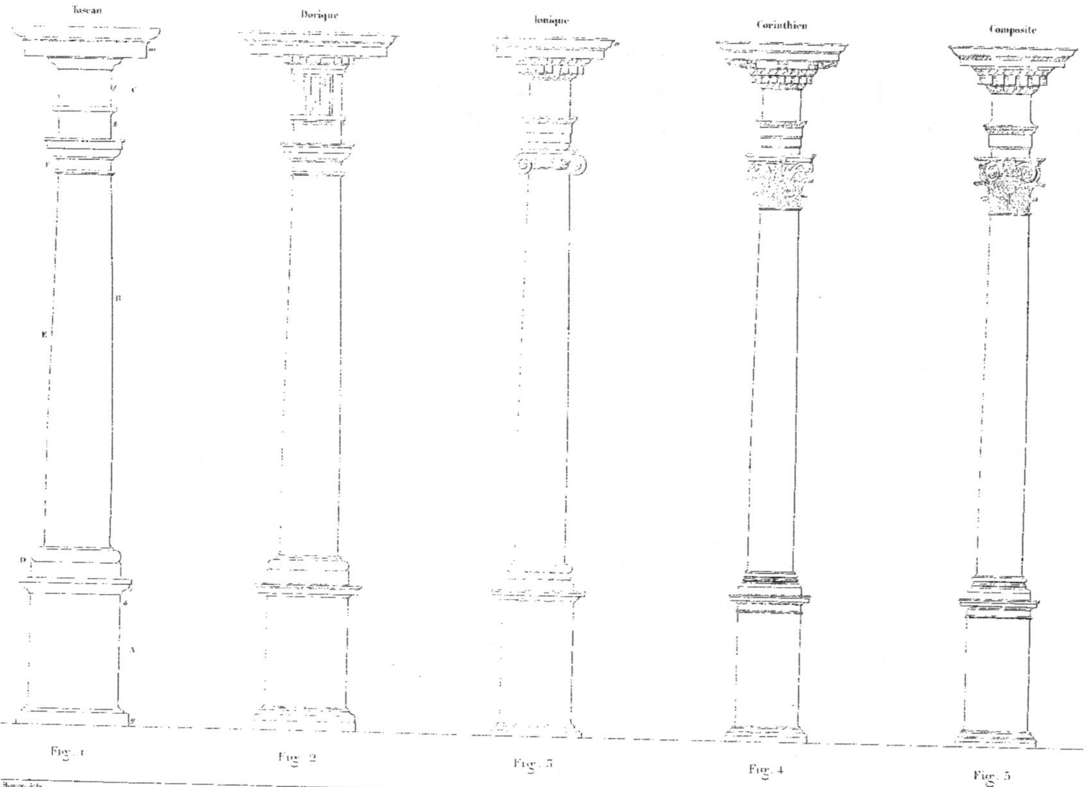
Toscan
Dorique
Ionique
Corinthien
Composite
Fig. 1
Fig. 2
Fig. 3
Fig. 4
Fig. 5

Librairie Centrale des Beaux-Arts.

Impᵗᵉ Lemercier Paris.

ORDRE TOSCAN

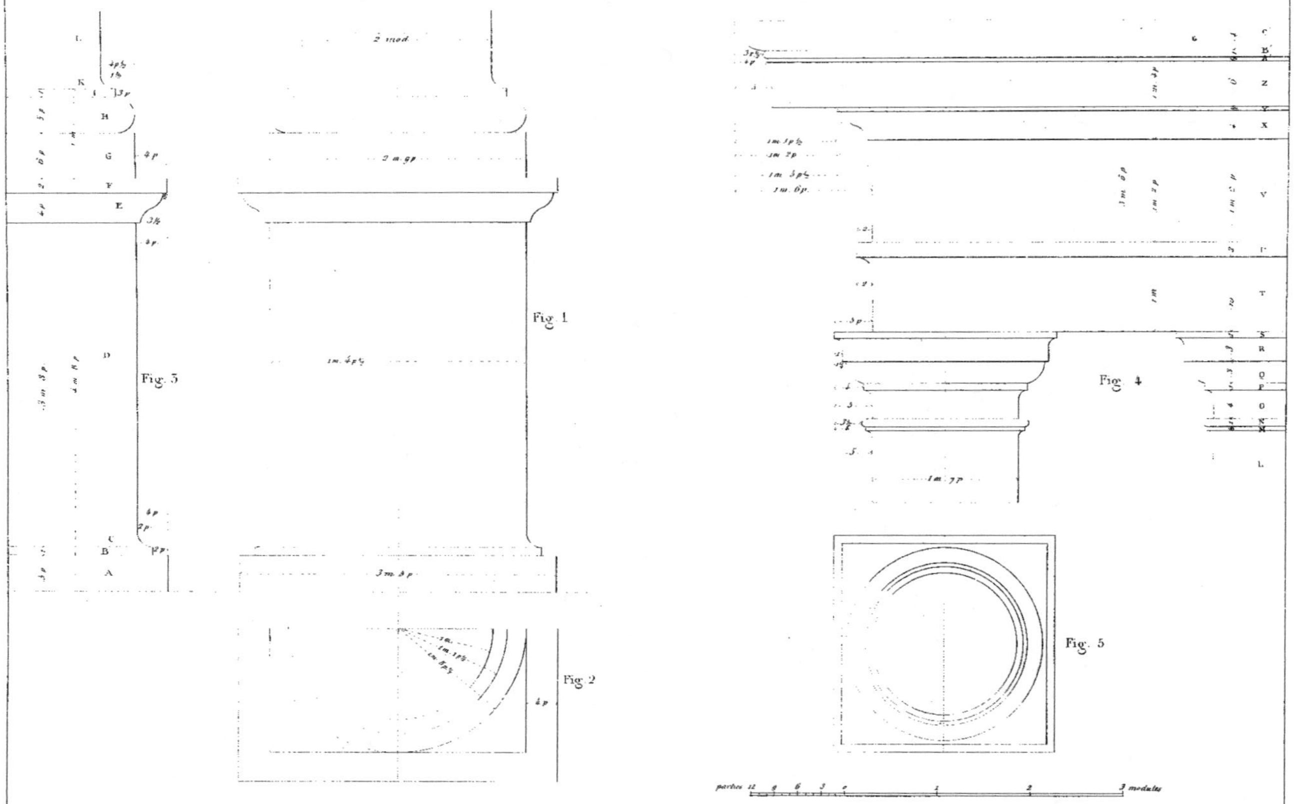
Fig. 1
Fig. 2
Fig. 3
Fig. 4
Fig. 5
parties 12 9 6 3 0 1 2 3 modules

Librairie Centrale des Beaux-Arts

Impie Lemercier Paris

ORDRE DORIQUE.

Ordre Dorique Denticulaire

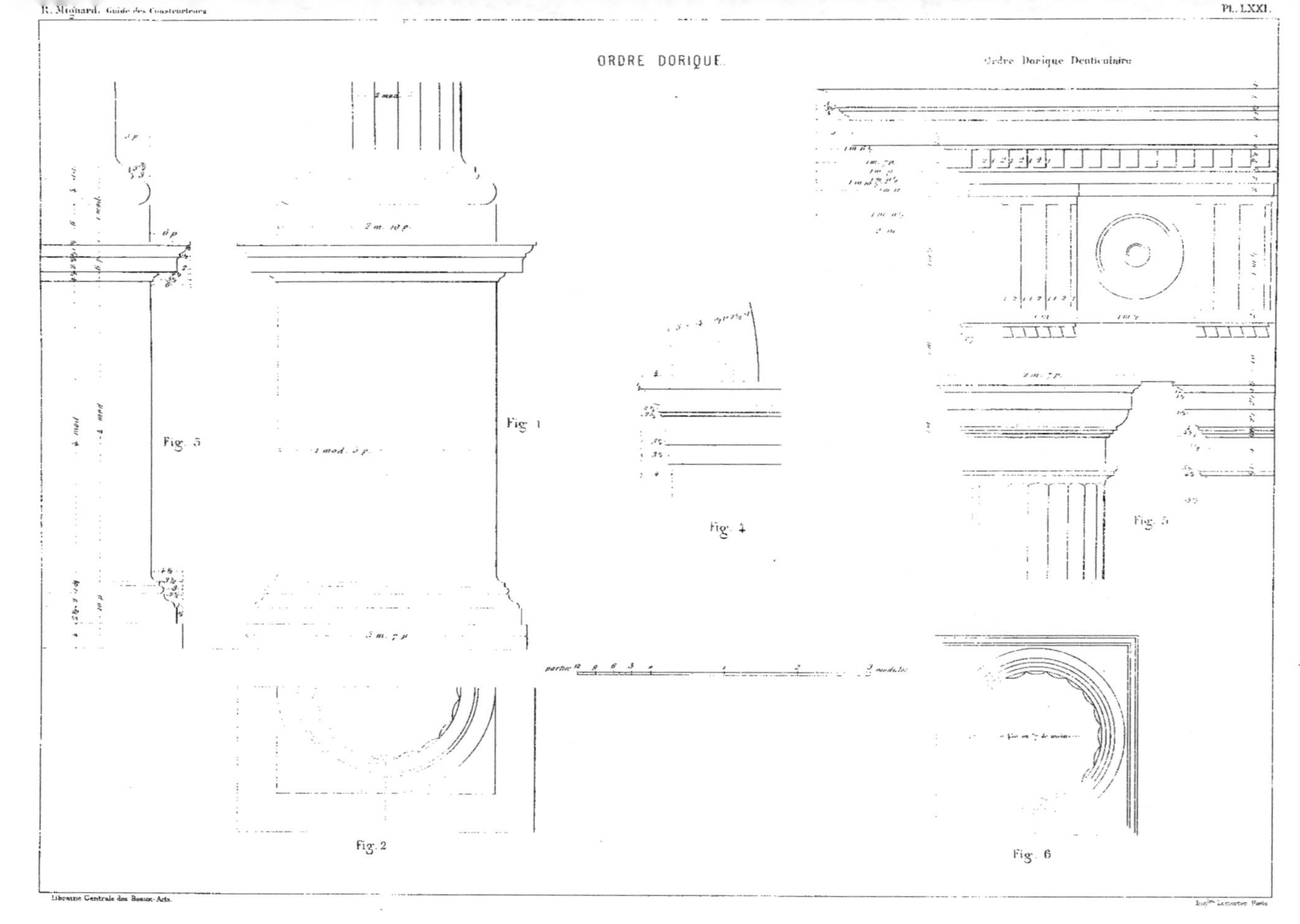

Fig. 1

Fig. 2

Fig. 3

Fig. 4

Fig. 5

Fig. 6

ORDRE IONIQUE.

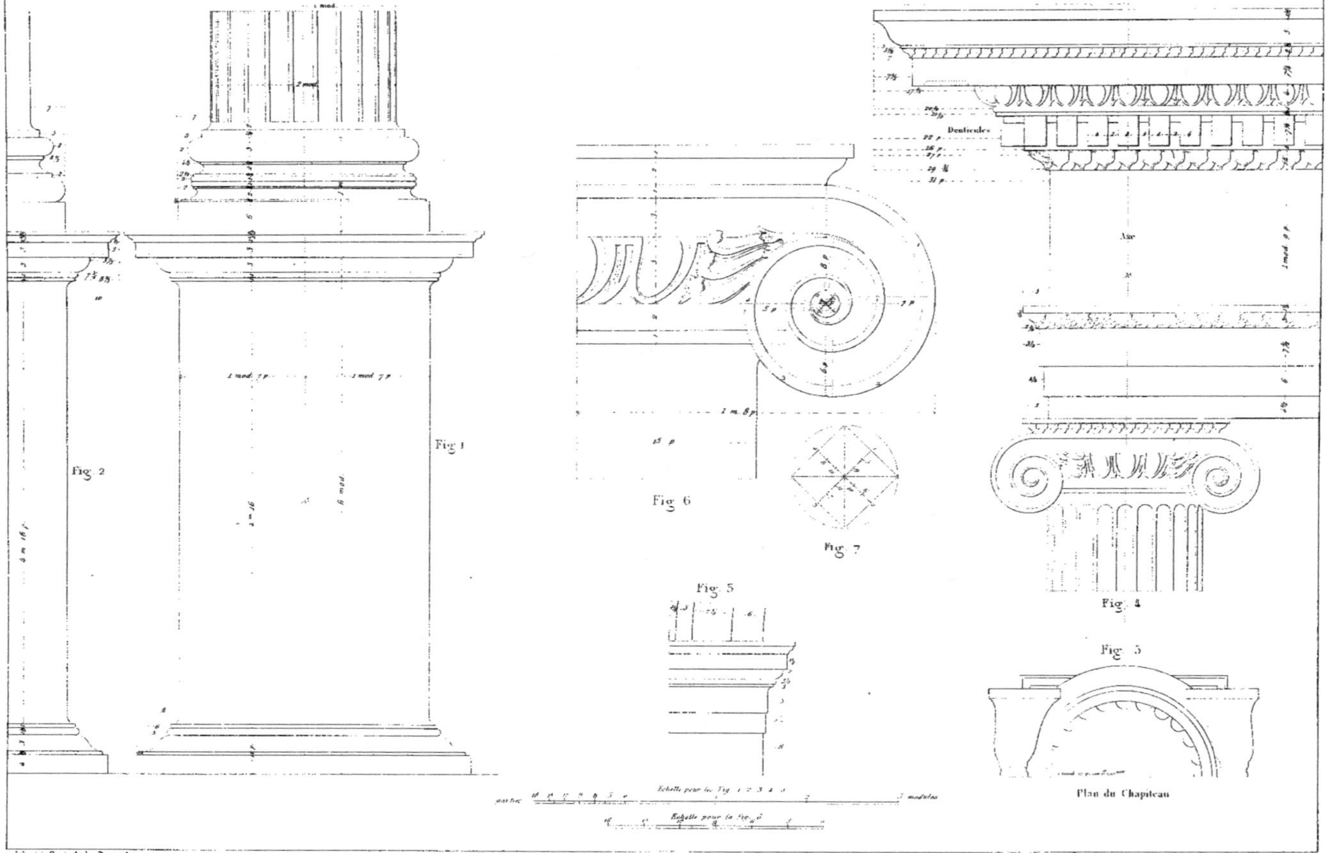

Librairie Centrale des Beaux-Arts.
Impr. Lemercier Paris.

ORDRE CORINTHIEN

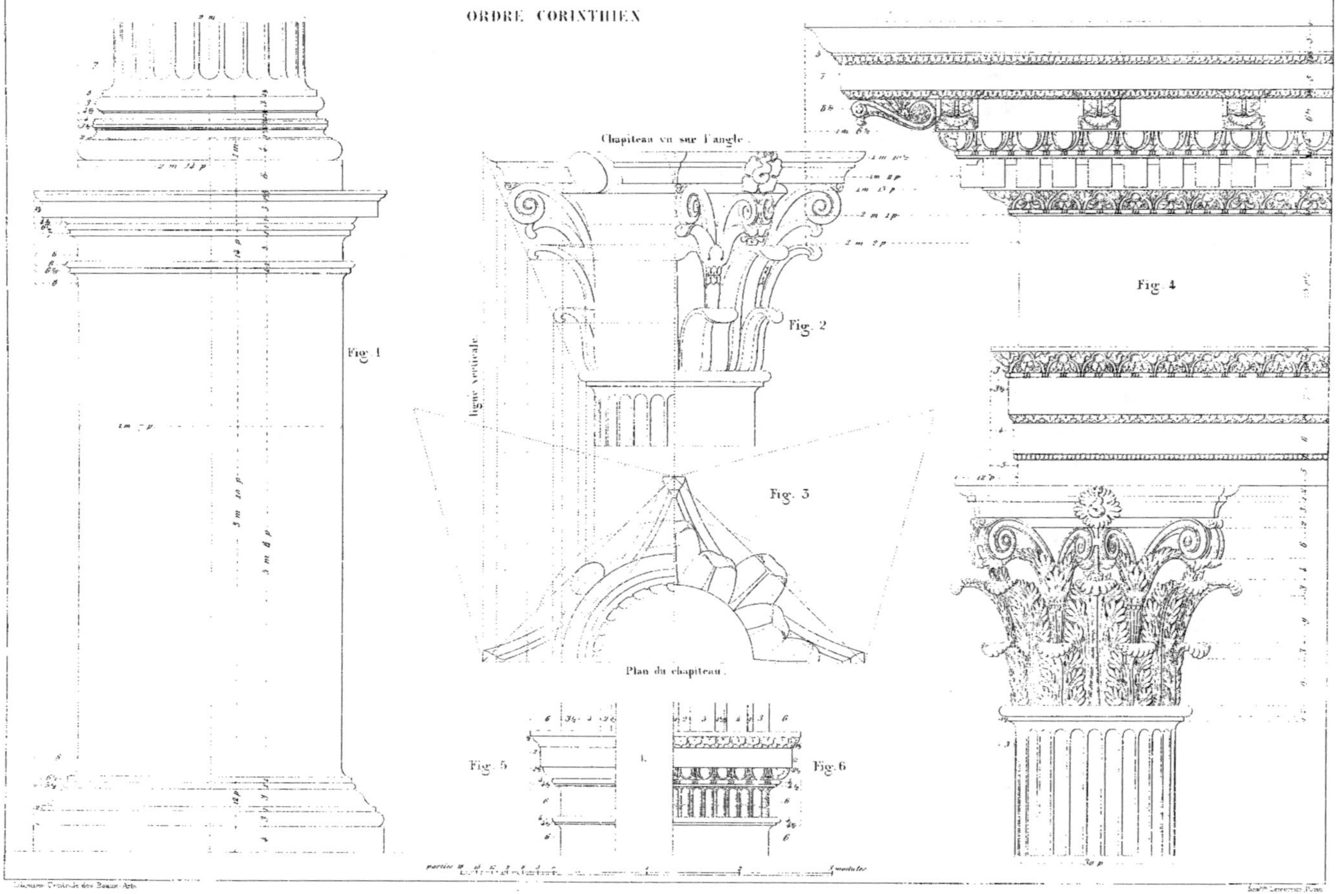
Fig. 1
Chapiteau vu sur l'angle.
Fig. 2
ligne verticale
Fig. 3
Plan du chapiteau.
Fig. 4
Fig. 5
Fig. 6
parties
modules

ORDRE COMPOSITE.

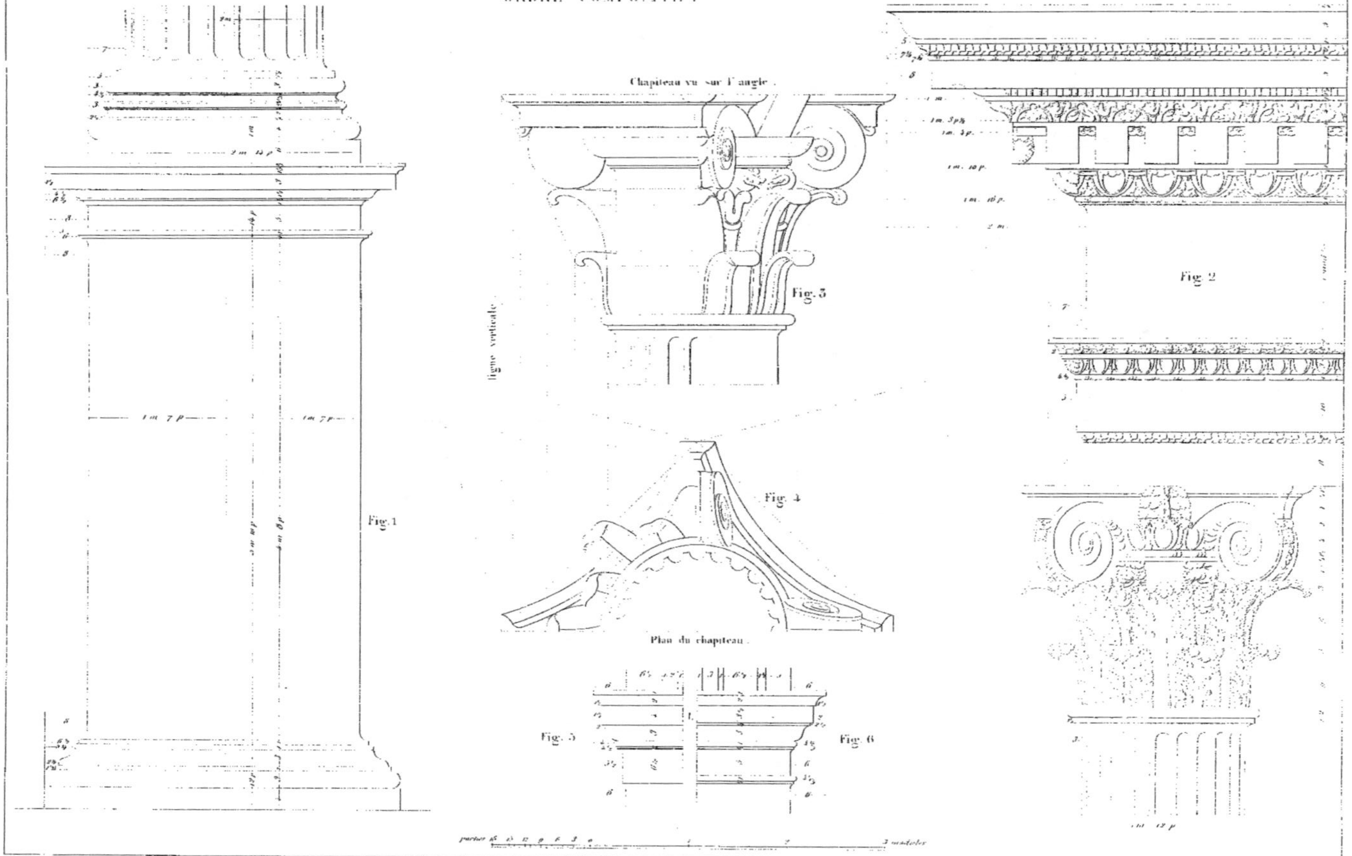

Plafonds

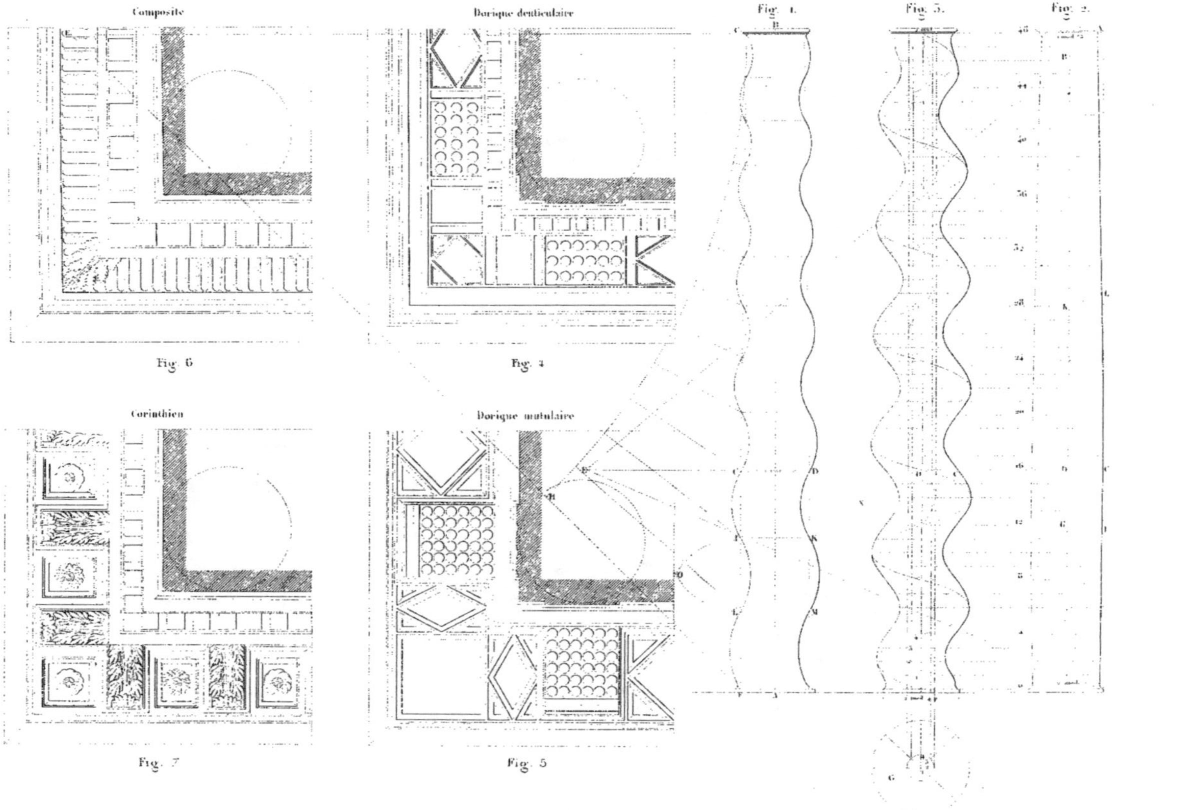

Composite

Dorique denticulaire

Fig. 1.

Fig. 3.

Fig. 2.

Fig. 6

Fig. 4

Corinthien

Dorique mutulaire

Fig. 7

Fig. 5

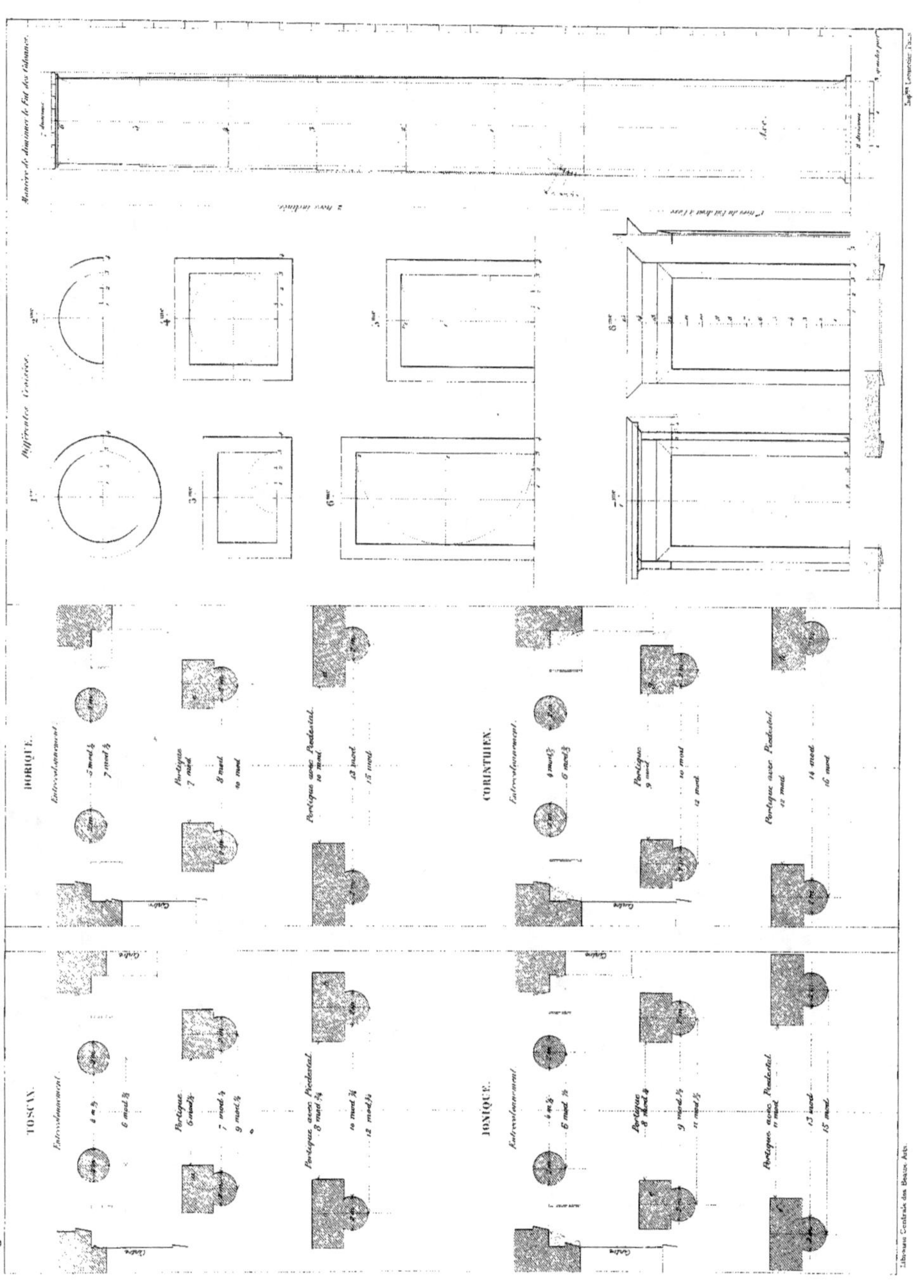

Fig. 1.
Fig. 2.
Fig. 3.
Fig. 4.
Fig. 5.
Fig. 6.
Fig. 7.
Fig. 8.
Fig. 9.

Plan d'une ferme de grande culture

Echelle de 0,004 pour mètre.

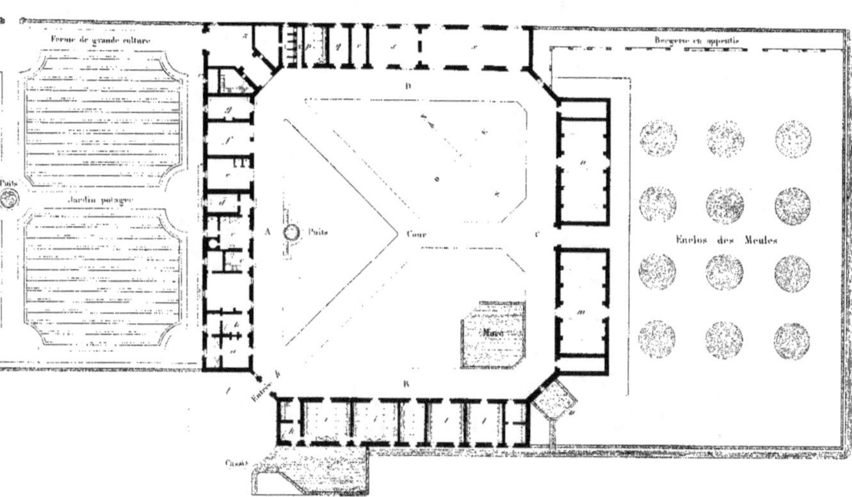

Plan d'une ferme de moyenne culture.

Echelle de 0,004 pour mètre.

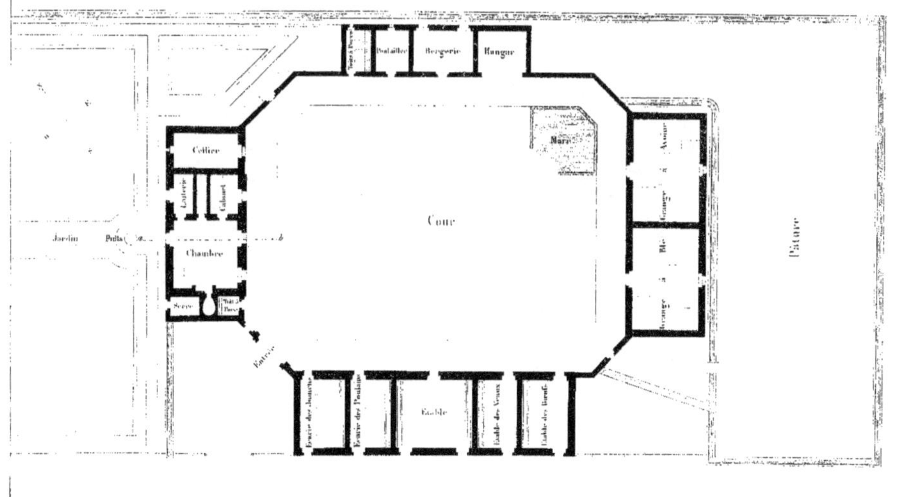

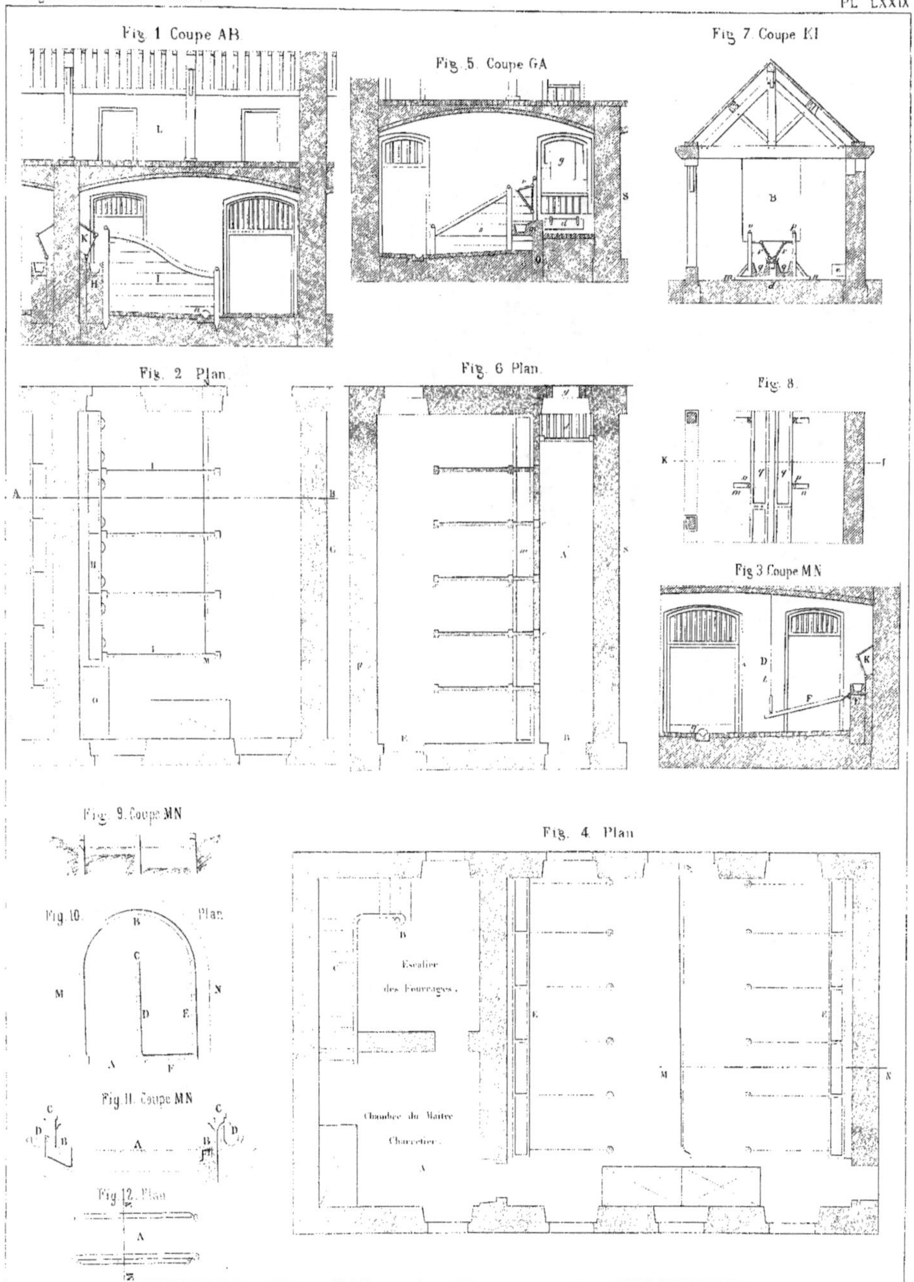
Fig 1 Coupe AB.
Fig. 5. Coupe GA
Fig 7 Coupe KI
Fig. 2 Plan.
Fig 6 Plan.
Fig. 8.
Fig 3 Coupe MN
Fig. 9. Coupe MN
Fig. 4. Plan
Fig. 10.
Plan
Fig 11. Coupe MN
Fig 12. Plan
Escalier
des Fourrages.
Chambre du Maitre
Charretier.

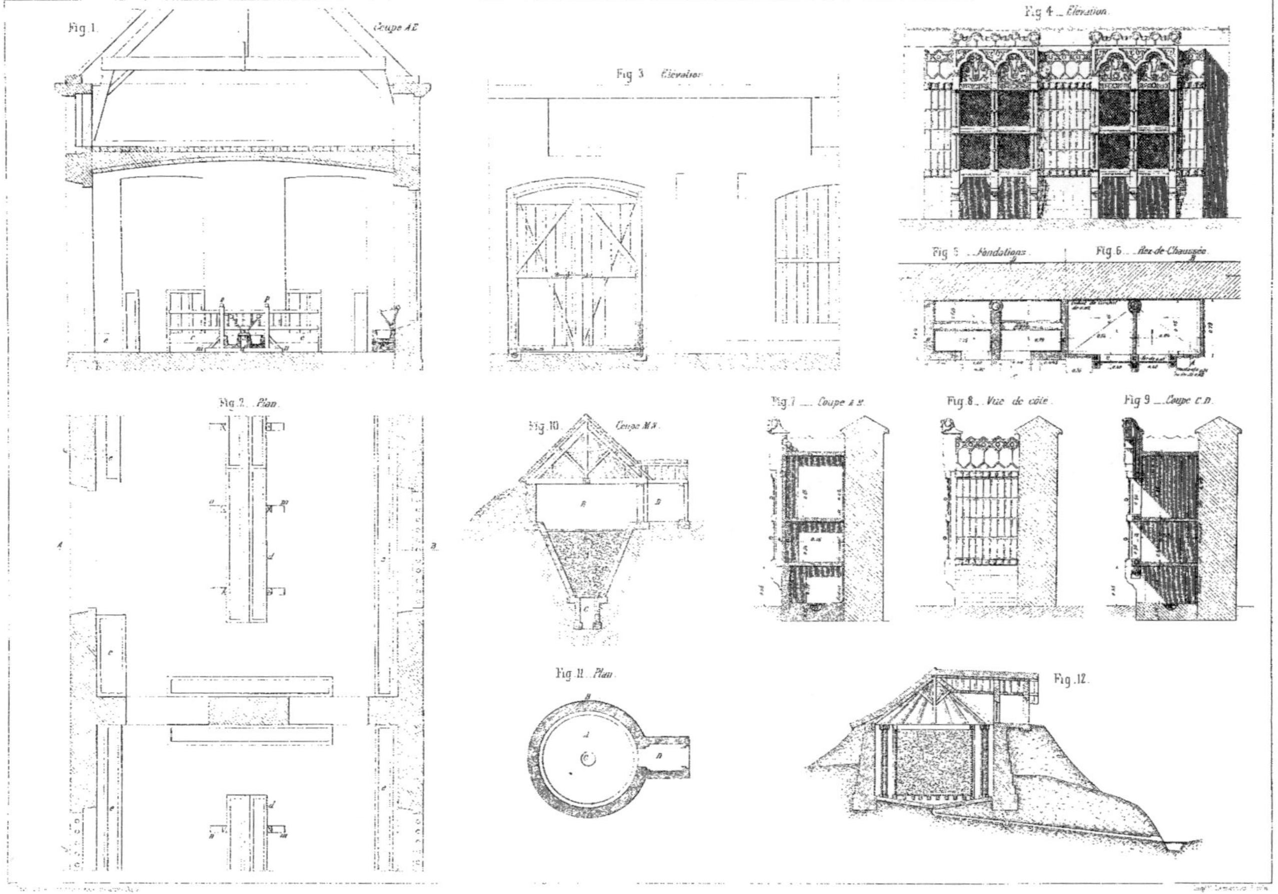

Fig. 1. _ Coupe A.E.

Fig 3 _ Elevation.

Fig 4 _ Elevation.

Fig 5 _ Fondations.

Fig. 6 _ Rez-de-Chaussée.

Fig 2 _ Plan.

Fig. 10 _ Coupe M.N.

Fig 7 _ Coupe A.B.

Fig. 8 _ Vue de côté.

Fig 9 _ Coupe C.D.

Fig. 11 _ Plan.

Fig. 12.

MAISONS OUVRIÈRES DE MULHOUSE

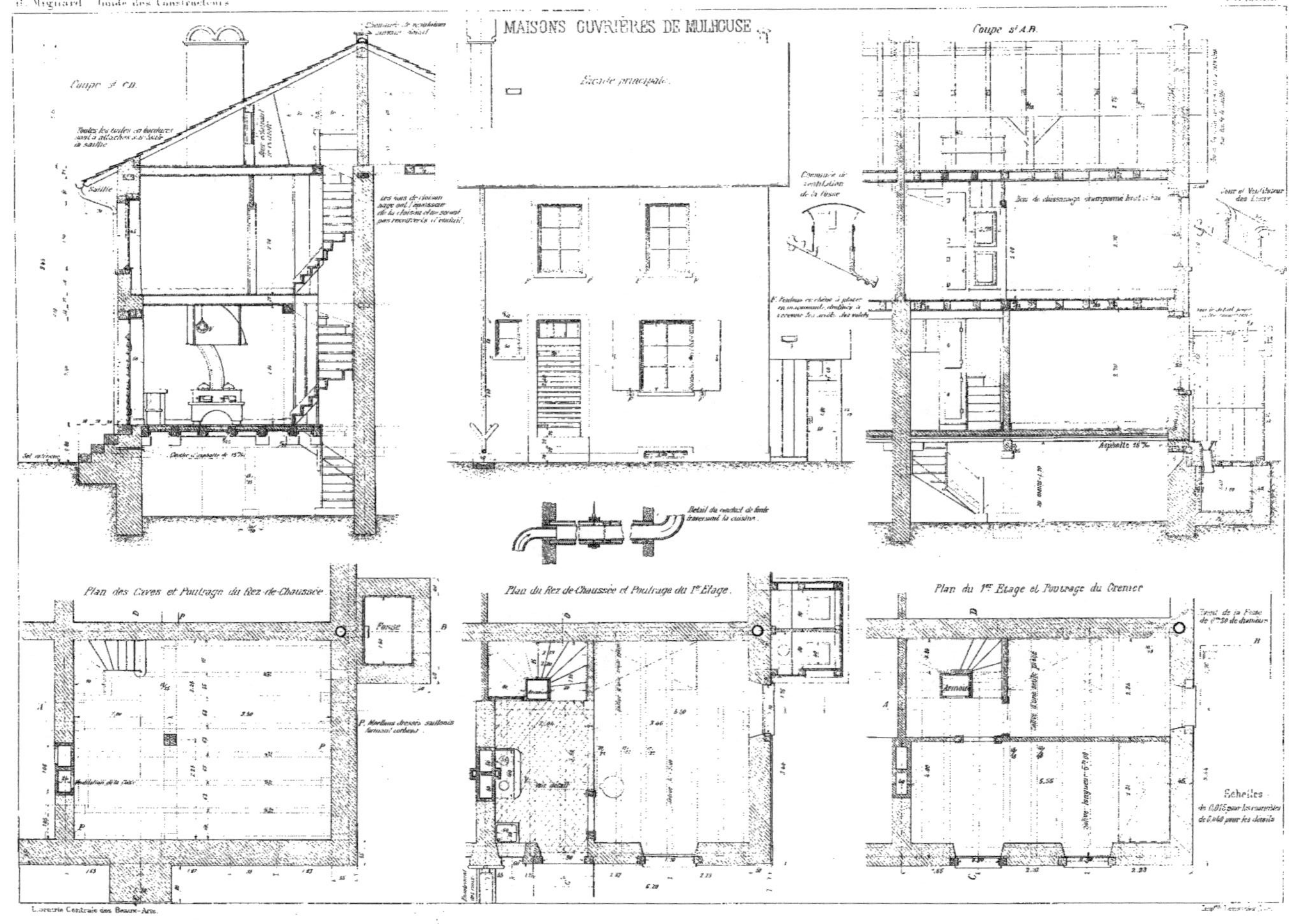

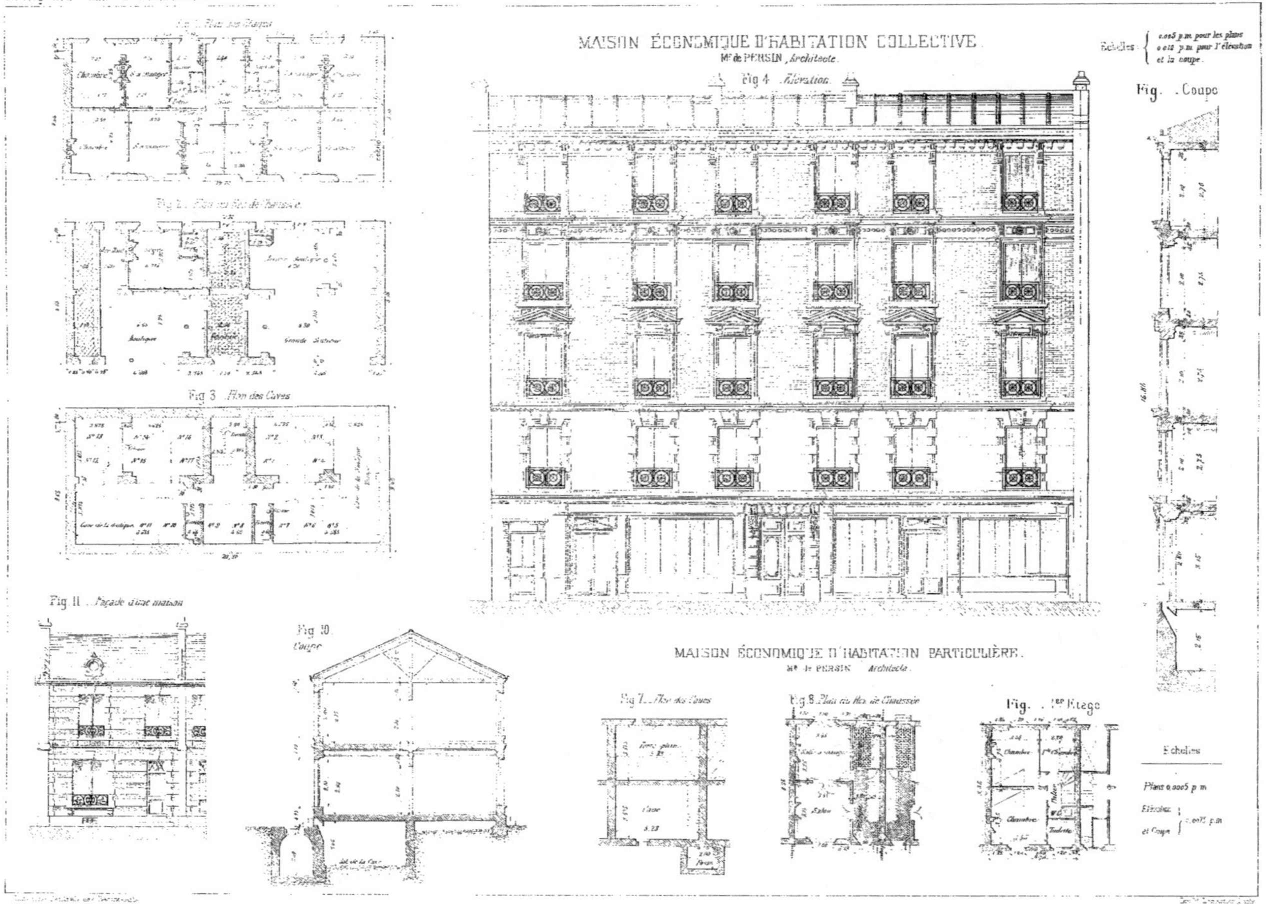

MAISON ÉCONOMIQUE D'HABITATION COLLECTIVE.
M. de PERSIN, Architecte.

Fig 4   Élévation.

Fig.   Coupe.

Fig 1   Plan des Étages.

Fig 2   Plan du Rez-de-Chaussée.

Fig 3   Plan des Caves.

Fig 11   Façade d'une maison.

Fig 10.   Coupe.

MAISON ÉCONOMIQUE D'HABITATION PARTICULIÈRE.
M. de PERSIN   Architecte.

Fig 7   Plan des Caves.

Fig 8   Plan du Rez-de-Chaussée.

Fig.   1er Étage.

Échelles { 0,005 p. m. pour les plans
0,01 p. m. pour l'élévation
et la coupe.

Échelles

Plans 0,005 p. m.

Élévation
et Coupe } 0,01 p. m.

MAISON DE CAMPAGNE AU RAINCY

M. de Persin, Architecte

VILLA A St CLOUD

M. R. Sergent, Architecte

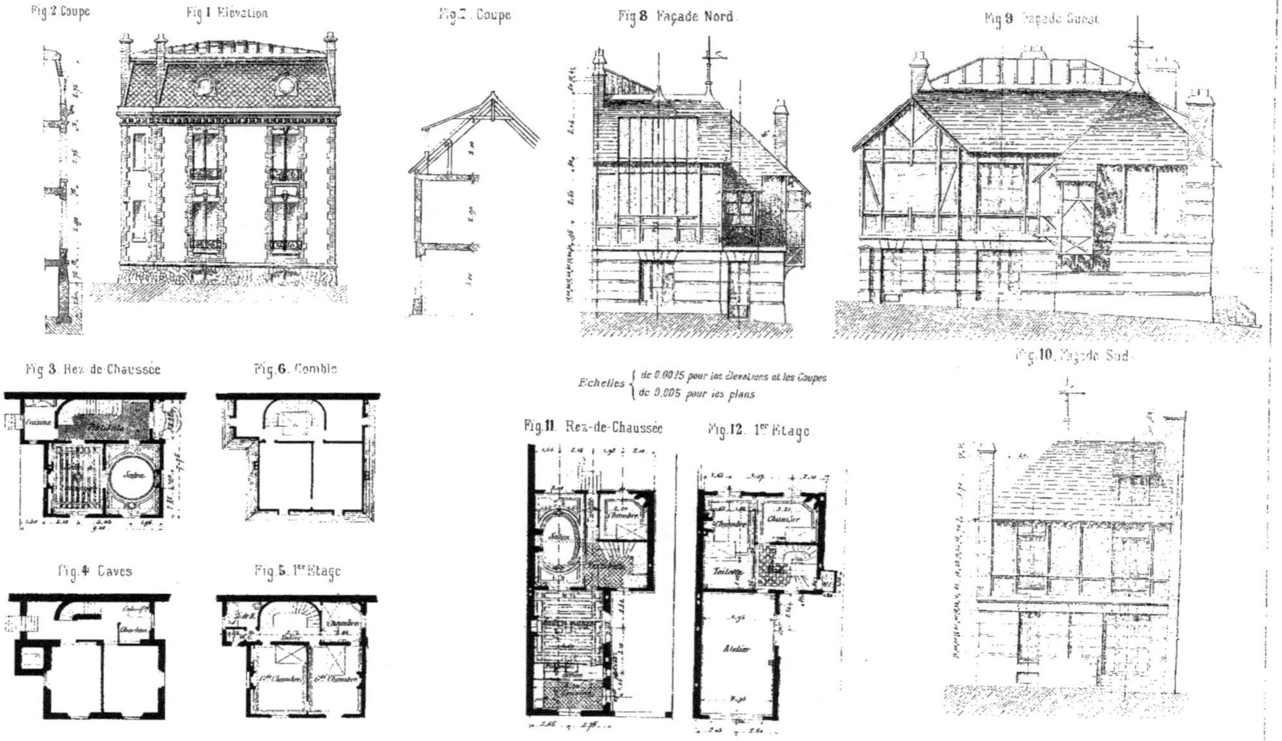
Fig. 2 Coupe
Fig. 1 Elévation
Fig. 7 Coupe
Fig. 8 Façade Nord
Fig. 9 Façade Ouest
Fig. 3 Rez-de-Chaussée
Fig. 6 Combles
Fig. 10 Façade Sud
Echelles { de 0.0015 pour les élévations et les Coupes
de 0.005 pour les plans
Fig. 11 Rez-de-Chaussée
Fig. 12 1er Etage
Fig. 4 Caves
Fig. 5 1er Etage
Cuisine
Salon
Atelier
Toilette
Chambre

Librairie Centrale

PETITE MAISON DE CAMPAGNE A LIMEIL (SEINE ET OISE)

Mr R. Wignot, Architecte

Échelle de 0,005 pour les plans
de 1,075 pour les élévations

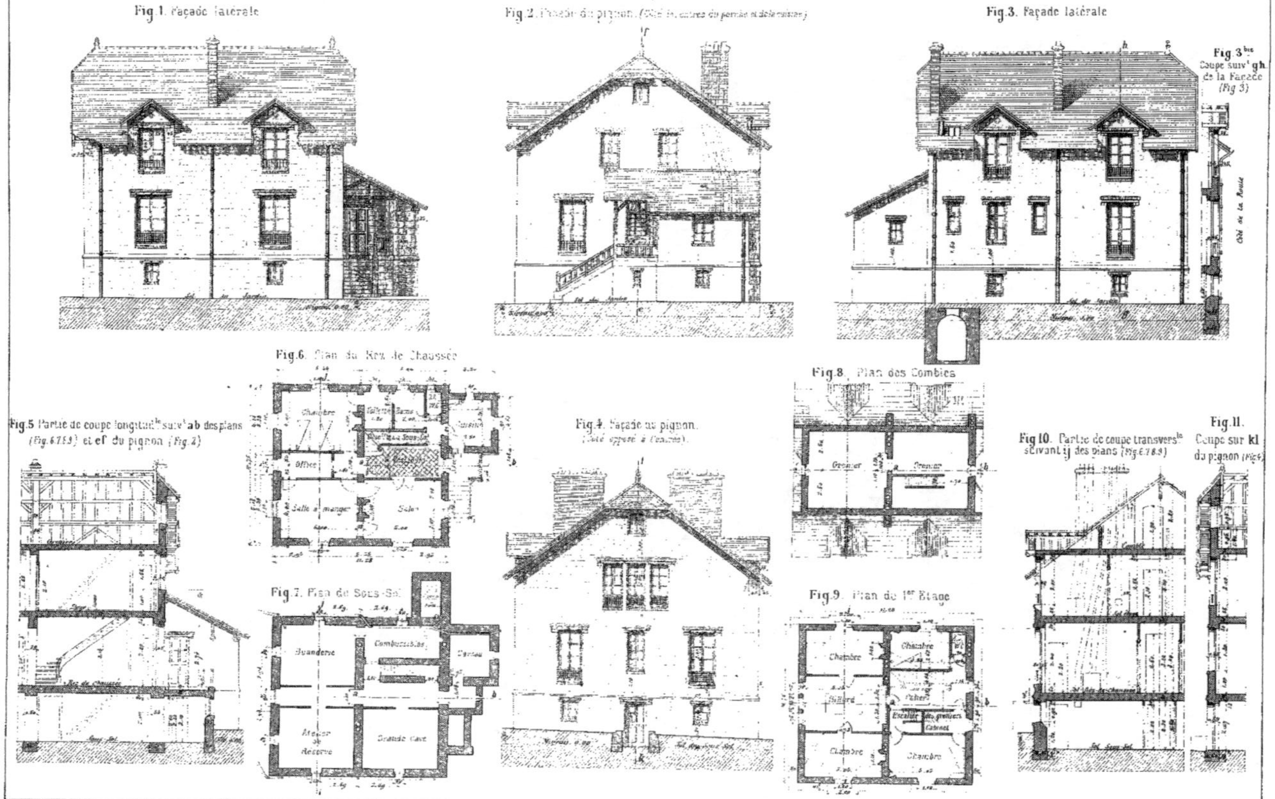

Fig.1. Façade latérale

Fig.2. Façade du pignon. (Côté de l'entrée du perron et de la route)

Fig.3. Façade latérale

Fig.3 bis. Coupe suiv.t g h. de la Façade (Fig.3)

Côté de la Route

Fig.5. Partie de coupe longitud.le suiv.t ab des plans (Fig.6.7.8.9) et ef du pignon (Fig.2)

Fig.6. Plan du Rez de Chaussée

Chambre · Toilette · Bains · Cuisine · Office · Salle à manger · Salon

Fig.7. Plan du Sous-Sol

Buanderie · Combustibles · Caveau · Atelier de Réserve · Grande Cave

Fig.4. Façade du pignon. (Côté opposé à l'entrée).

Fig.8. Plan des Combles

Grenier · Grenier

Fig.9. Plan de 1er Étage

Chambre · Chambre · Sallon · Cabinet · Escalier des greniers · Cabinet · Chambre · Chambre

Fig.10. Partie de coupe transvers.le suivant ij des plans (Fig.6.7.8.9)

Fig.11. Coupe sur kl du pignon (Fig.2)

MAISON DE RAPPORT, 80-82 RUE DU CHEMIN-VERT A PARIS.

MM. P. GION et E. WAGRET, Architectes.

Échelles { 0,005 p.m. pour les Plans / 0,015 p.m. pour l'Exécution }

Fig. 1. — Façade sur la rue : partie AB (Fig. 7)

Fig. 2. — Profil suivant ab de la façade (Fig. 1)

Fig. 7. — Plan du Rez-de-Chaussée.

Fig. 8. — Plan du Sous-Sol.

Fig. 9. — Plan du 6.e Étage (Combles).

Fig. 10. — Plan de quatre étages semblables.

MAISON DE RAPPORT, RUE D'ALÉSIA, 137, A PARIS.
Mr Gaillard, Architecte.

Fig 1.
Coupe sur la Façade (Fig.2)

Fig 2.- Façade sur la rue.

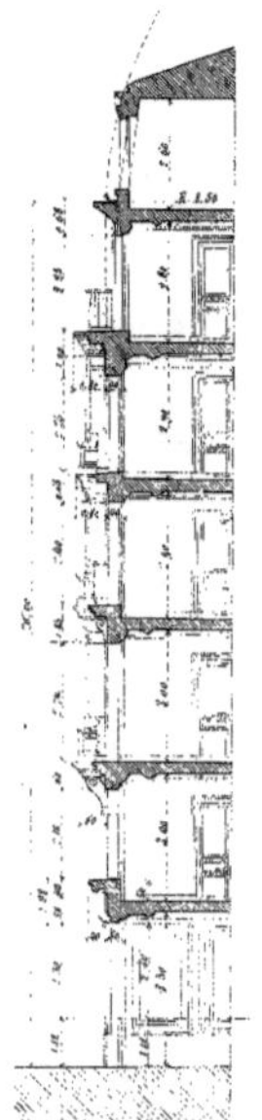

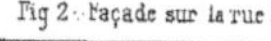

Fig. 4.- Plan du 1er Étage
(2e. 3e. 4e. Semblables)

Fig. 6.- Plan des Combles.

Fig. 3.- Plan du Rez-de-Chaussée

Fig. 5.- Plan du 5e Étage.

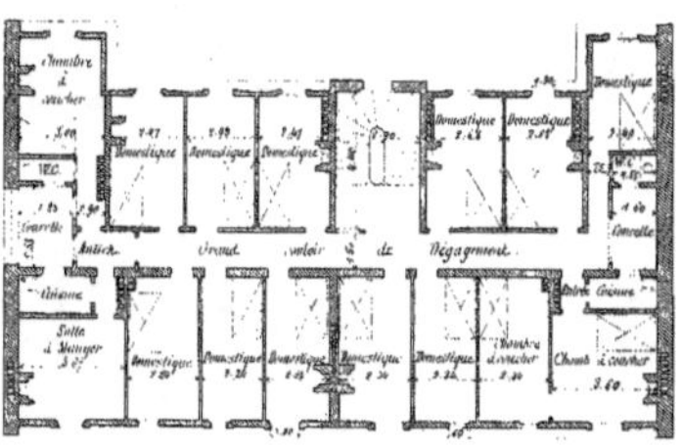

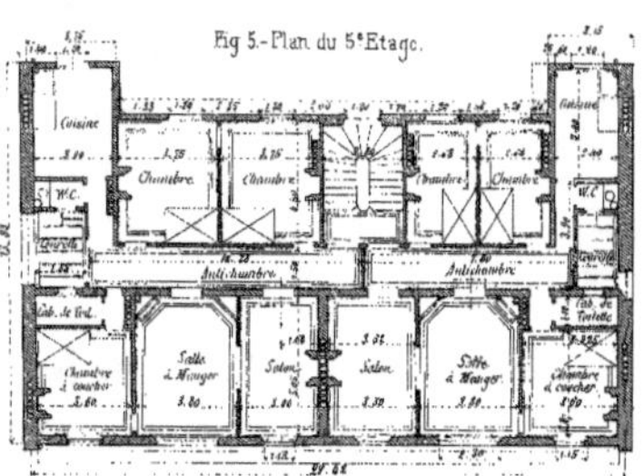

MAGASIN DE VENTE DE MM. JORRY-PRIEUR FILS ET Cie A TROYES (AUBE)   Mr Henri Schmit, Architecte.

Echelles { 0.005 pour les plans
{ 0.010 pour l'élévation et les coupes.

Fig. 1.
Façade sur la rue

Fig. 2.
Coupe sur la Façade
suivant a b (Fig. 5.6)

Fig. 3.
Coupe longitudinale
suivant d e (Fig. 5.6)

Fig. 4.
Coupe transversale suivant f g (Fig. 5.6)

Fig. 5. Plan du Rez-de-Chaussée

Fig. 6. Plan de la galerie (1er Etage)

ÉCOLE ET MAIRIE DE MARTEL-LA-VILLE (Seine-et-Oise)

Fig. 2. Coupe sur la Mairie suivant ab (fig. 4 et 5)

Fig. 1. Façade principale

G. Soucaret Architecte

Fig. 7. Partie de la façade postérieure sur les préaux

Fig. 6. Partie de coupe longitud.le sur la Mairie et les Bâtiments des Instituteurs (fig. 4 et 5) suivant ef

Fig. 3. Coupe sur le Bâtiment de l'instituteur suivant ed (fig. 4 et 5)

Fig. 5. Plan du Rez-de-Chaussée

Echelles:
De 0.0025 p.m pour les plans
de 0.005 p.m pour les Élévations
et les Coupes

Fig. 4. Plan du 1.er Étage

HÔTEL DE VILLE D'ARCUEIL-CACHAN
(SEINE)
M.U. Gravigny, Architecte.

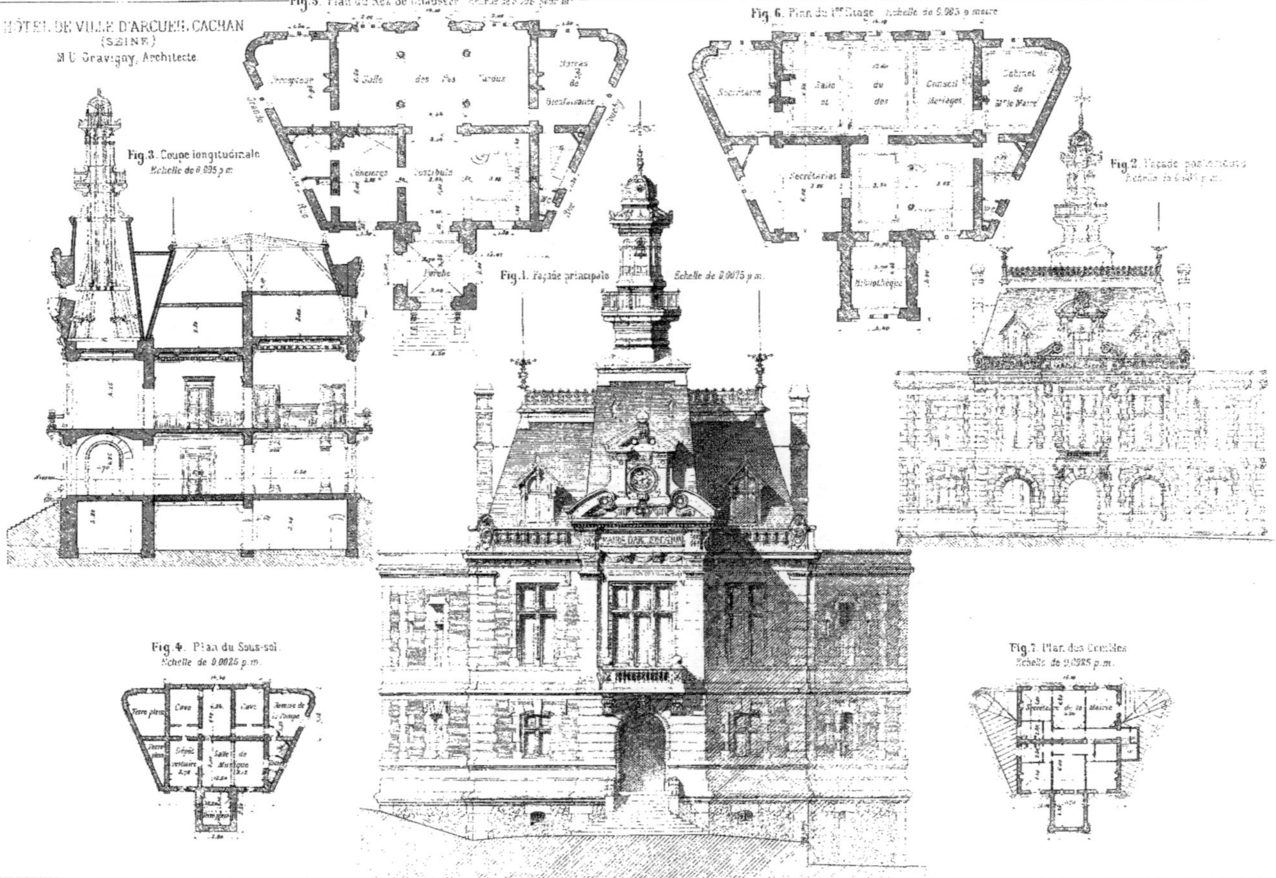

Fig. 5. Plan du Rez de Chaussée. Échelle de 0.005 pour m²

Fig. 6. Plan du 1er Étage. Échelle de 0.005 p mètre

Fig. 3. Coupe longitudinale. Échelle de 0.005 p.m.

Fig. 1. Façade principale. Échelle de 0.0075 p.m.

Fig. 2. Façade postérieure. Échelle de 0.005 p.m.

Fig. 4. Plan du Sous-sol. Échelle de 0.0025 p.m.

Fig. 7. Plan des Combles. Échelle de 0.0025 p.m.

GROUPE SCOLAIRE à CHOISY-LE-ROI.

M. BONNENFANT, Architecte.

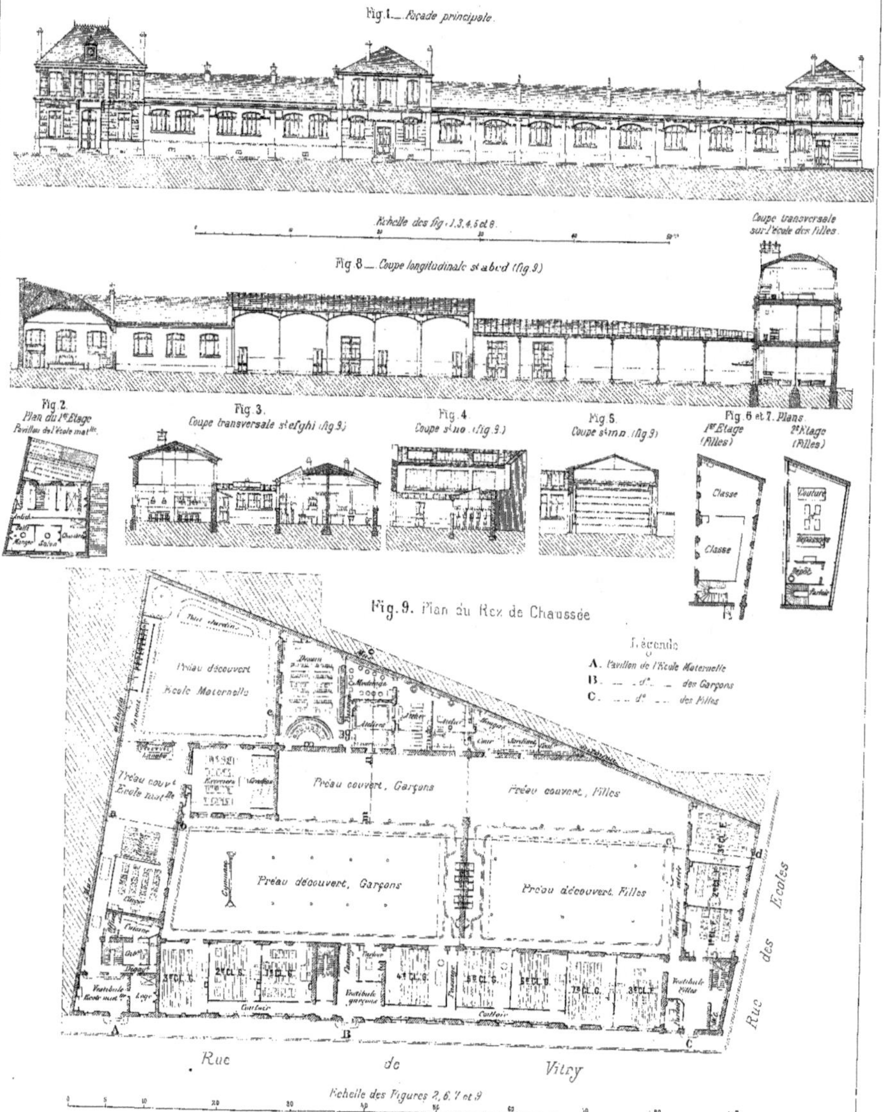

Fig. 1 — Façade principale.

Échelle des fig. 1, 3, 4, 5 et 8.

Coupe transversale sur l'École des filles.

Fig. 8 — Coupe longitudinale st a b c d (fig. 9)

Fig. 2
Plan du 1er Étage
Pavillon de l'École mat.lle.

Fig. 3
Coupe transversale st e f g h i (fig. 9)

Fig. 4
Coupe st n o (fig. 9)

Fig. 5
Coupe st m n (fig. 9)

Fig. 6 et 7. Plans
1er Étage (Filles) 2e Étage (Filles)

Classe / Classe

Couture / Repassage

Fig. 9. Plan du Rez de Chaussée

Légende
A. Pavillon de l'École Maternelle
B. — d°. — des Garçons
C. — d°. — des Filles

Préau découvert / École Maternelle

Préau couv.t / École mat.lle

Préau couvert, Garçons

Préau couvert, Filles

Préau découvert, Garçons

Préau découvert, Filles

Vestibule / École mat.

Cuisine

Vestibule garçons

Vestibule filles

Rue des Écoles

Rue de Vitry

Échelle des Figures 2, 6, 7 et 9

www.ingramcontent.com/pod-product-compliance
Lightning Source LLC
LaVergne TN
LVHW012001180726
843502LV00005B/1492